情感化
PPT设计

彭纯勇 李才应｜编

（微视频版）

清华大学出版社
北京

内 容 简 介

本书结合作者多年丰富的项目制作和培训教学经验，全面阐述高级 PPT 设计的技术、方法、流程和标准。

全书共 7 篇，第 1 篇为思维篇，讲解如何提升制作 PPT 的思维、高级感，并介绍制作 PPT 的 5 个步骤与内容演示的四化原则；第 2 篇为内容篇，讲解运用 HQC 原理打通 PPT 逻辑，PPT 内容如何从 0 到 1，以及内容加工提炼的 4 个要诀；第 3 篇为页面设计篇，讲解如何设计封面、目录、过渡页、内容页的文字版式与图表、封底；第 4 篇为动画篇，讲解 PPT 动画制作的流程与方法，怎样让 PPT 动画更加精彩，以及数据可视化动画的制作方法；第 5 篇为素材篇，讲解图片、图标、音视频、字体、3D 素材的资源与应用方法；第 6 篇为汇报表达篇，讲解汇报 PPT 的 5 种方法，分别是 SCQA 法则、4P 万能公式、4TS 万能公式、FABE 法则、4W1H 法则；第 7 篇为实操篇，分别讲解会议型、发布会型、培训型、演讲型、企业介绍型 PPT 的案例。

本书除赠送教学视频和教学用 PPT 课件，还有专业团队为读者答疑解惑，方便读者学习。

本书不仅适合 PPT 小白学习，更适合有一定 PPT 制作经验的朋友学习，特别是企业行政、市场、管理人员学习，同时也特别适合教师学习。还可以作为高等院校数字媒体、视觉传达、平面设计、艺术设计、计算机技术等相关专业的教辅图书及相关培训机构的参考图书。

图书在版编目（CIP）数据

情感化PPT设计：微视频版 / 彭纯勇，李才应编.
北京：清华大学出版社，2024.7. -- ISBN 978-7-302
-66596-0

Ⅰ. TP391.412

中国国家版本馆CIP数据核字第20241K504X号

责任编辑：张　敏
封面设计：郭二鹏
责任校对：胡伟民
责任印制：丛怀宇

出版发行：清华大学出版社
　　　　　网　　　　　址：https://www.tup.com.cn，https://www.wqxuetang.com
　　　　　地　　　　　址：北京清华大学学研大厦A座　　　　　邮　　编：100084
　　　　　社　总　机：010-83470000　　　　　邮　　购：010-62786544
　　　　　投稿与读者服务：010-62776969，c-service@tup.tsinghua.edu.cn
　　　　　质　量　反　馈：010-62772015，zhiliang@tup.tsinghua.edu.cn
印　装　者：小森印刷（北京）有限公司
经　　销：全国新华书店
开　　本：170mm×240mm　　　印　　张：14.75　　　字　　数：380千字
版　　次：2024年8月第1版　　　印　　次：2024年8月第1次印刷
定　　价：99.00元

产品编号：100599-01

编 委 会

主　　　编：彭纯勇

执 行 主 编：李才应

文 稿 编 辑：轩　颖

技 术 编 辑：陈　炜

美 术 编 辑：小　风

营 销 编 辑：晓　晨

版 面 构 成：丁　浩

多媒体编辑：智　颖

在当今信息爆炸的时代，演示文稿已成为商业、学术和日常生活中不可或缺的沟通工具。然而，如何将PPT设计得既美观又具有专业性，却常常困扰着许多人。本书旨在为读者提供一套系统、实用的PPT设计方法，帮助读者在演示中脱颖而出。

一、什么是导演型美学

导演型美学源于电影导演的艺术理念，强调在有限的时间内，通过视觉、听觉等手段，传达出强烈而深刻的主题。在PPT设计中，导演型美学意味着将每一页幻灯片视为一个微型电影，运用视觉元素、动画效果和声音设计，使演示文稿具有引人入胜的魅力。

二、为什么选择导演型美学

1. 提升观众体验：通过精心设计的PPT，使观众在视觉、听觉上得到愉悦的享受，从而更好地理解您的演示内容。

2. 提高沟通效率：有效的PPT设计能够迅速吸引观众的注意力，使信息传递更加准确、高效。

3. 塑造专业形象：精美的演示文稿有助于树立您的专业形象，增强观众对您的信任感。

三、如何运用导演型美学

1. 明确主题与目标：在开始设计之前，首先要明确演示的主题和目标，确保每一页幻灯片都紧扣主题。

2. 故事化叙事：将演示内容以故事的形式呈现，让观众更容易理解和记忆。

3. 选用恰当的视觉元素：合理使用图片、图表、颜色等视觉元素，增强幻灯片的视觉冲击力。

4. 动画与过渡效果：适度运用动画和过渡效果，使演示更加生动有趣。

5. 配音与背景音乐：选择合适的配音和背景音乐，营造出适合演示氛围的环境。

6. 互动与反馈：根据观众反应调整演示节奏，及时给予反馈，使演示更加流畅。

7. 简洁明了：避免信息过于拥挤或复杂，力求简洁明了地传达核心信息。

8. 不断优化：根据演示效果和观众反馈，不断优化和完善PPT设计。

通过本书的学习与实践，读者将掌握导演型美学的PPT设计技巧，使创作出的演示文稿焕发出独特的魅力。请与我们一起踏上这场视觉与思维的盛宴，用PPT讲述属于您的故事。

本书是视觉客结合全网粉丝100万+的彭棣老师，倾情打造的关于导演型美学PPT设计的图书，书中结合多年丰富的项目制作和培训教学经验，全面阐述高级PPT设计的技术、方法、流程和标准。

全书具体内容如下。

第1篇　思维篇

内容包括什么是信噪比，什么是1-7-7法则，并通过大量案例阐述如何提升PPT高级感，如何提升结构化思维，职场PPT制作的5个步骤，以及内容演示的四化原则。

第2篇　内容篇

内容包括如何构建内容，运用HQC原理打通PPT逻辑，以及内容加工提炼的4个要诀：提概念、流程法、要素法和矩阵法。

第3篇　页面设计篇

内容包括如何制作PPT的封面，字体的选择，封面影片化处理，如何设计PPT的目录，过渡页的设计，内容页的文字、版式、图表设计方法，以及如何制作出彩的PPT封底。

第4篇　动画篇

内容包括擦除、淡出、路径、放大缩小动画的制作，通过动画细节的调整让动画更加精彩，PPT可视化数据动画的制作，以及动态数据的制作流程与技巧。

第5篇　素材篇

内容包括图片、图标、音视频、字体、3D素材的获取与使用方法。

第6篇　汇报表达篇

内容包括PPT汇报的5个经典方法，即SCQA法则、4P万能公式、4TS万能公式、FABE法则与4W1H法则。

第7篇　实操篇

分别讲解会议型、发布会型、培训型、演讲型、企业介绍型PPT的案例。

本书除赠送相关的扩展学习素材、教学视频及教学用PPT课件，还有专业团队为读者答疑解惑，方便读者学习。

本书不仅适合PPT小白学习，更适合有一定PPT制作经验的朋友学习，特别是企业行政、市场、管理人员学习，同时也特别适合教师学习。还可以作为高等院校数字媒体、视觉传达、平面设计、艺术设计、计算机技术等相关专业的教辅图书。

本书赠送教学视频和教学用PPT课件，读者扫描下方二维码可获取相关资源。

教学视频　　　　　教学用 PPT 课件

目　录

PART **01** 第1篇　思维篇

第01课　什么是正确的职场型PPT 3

1.1　什么是信噪比 3

1.2　关于信噪比的真实故事 3

1.3　三个案例分析 4

1.4　1-7-7法则 6

第02课　如何提升职场PPT高级感 6

2.1　高级感到底是什么 7

2.2　两个案例分析 7

第03课　如何提升结构化思维 9

3.1　什么是结构化思维 9

3.2　案例分析 9

3.3　如何使用结构化思维 10

3.4　培养结构化思维工具 11

第04课　职场PPT制作的方式和5个步骤 13

4.1　如何开始制作PPT 13

4.2　职场PPT制作的五个步骤 14

第05课　内容演示的四化原则 15

5.1　表述概念化 15

5.2　概念图形化 16

5.3　图形层次化 17

5.4　层次动态化 17

PART 02 第2篇 内容篇

第06课 PPT内容如何从0到1 .... **20**

6.1 PPT内容从0到1是如何诞生的 20

6.2 如何构建内容 21

第07课 运用HQC原理打通PPT逻辑 **23**

7.1 Hierarchy（层级清晰）.. 23

7.2 Quantity（数量有度）.. 25

7.3 Connection（逻辑关系）.. 27

第08课 内容加工提炼要诀：提概念 **30**

8.1 不需要提炼加工的情况 30

8.2 内容加工的三大级别 30

8.3 如何提概念 31

第09课 内容加工提炼要诀：流程法 **32**

第10课 内容加工提炼要诀：要素法 **35**

第11课 内容加工提炼要诀：矩阵法 **37**

PART 03 第3篇 页面设计篇

第12课 如何做封面设计 **41**

12.1 主题 42

12.2 视觉 46

第13课 封面影片化处理 **51**

第14课 如何做目录页设计 **55**

第15课 目录页的布局设计 **60**

第16课 合并形状完成过渡页设计 **64**

第17课 其他3种过渡页设计方法 **68**

17.1 弥散渐变 68

17.2 柔化效果 70

17.3 视频动画 74

第18课 如何做内容页设计：文字设计 **76**

第19课 如何做内容页设计：版式设计 **87**

第20课 如何做内容页设计：图表 **94**

20.1 数据可视化 95

20.2 数据展示技巧 96

20.3 组合图表的制作方法 98

20.4 数据讲解技巧 100

20.5 使用贴纸 101

第21课 如何做封底页设计 **102**

21.1 封底页的价值 103

21.2 案例1：电影式结尾的封底设计 108

21.3 案例2：大气的封底设计 109

PART

04

第4篇 动画篇

第22课 PPT做动画其实很简单 **112**

22.1 动画案例实操1：层次动态化 113

22.2 动画案例实操2：文字动画 114

22.3 灵动的动画——擦除 115

22.4 灵动的动画——淡出 116

22.5 灵动的动画——路径 117
22.6 灵动的动画——放大缩小 118

第23课 用动画细节让PPT出彩（触发） 118
23.1 触发案例展示1——团队介绍 118
23.2 触发案例展示2——企业介绍 120
23.3 超链接案例展示——企业介绍 121
23.4 触发和超链接案例——干货知识 123

第24课 PPT可视化数据动画 129
24.1 数据可视化动画——数字滚动 131
24.2 数据动画 133
24.3 用PPT实现数据大屏 138
24.4 如何制作数据大屏 143
24.5 动态数据 144

PART 05 第5篇 素材篇

第25课 图片素材 149
第26课 图标素材 154
第27课 音频视频素材 161
第28课 字体素材 168
第29课 3D素材 171

PART 06 第6篇 汇报表达篇

第30课 用PPT讲好故事：SCQA法则 179
30.1 SCQA的含义 179

30.2 如何使用SCQA 180

30.3 延伸 181

30.4 实操 182

第31课 用PPT做好汇报: 4P万能公式 **184**

31.1 4P汇报方法 185

31.2 中心点 186

31.3 闪光点 186

31.4 重要点 187

31.5 框架结构 189

第32课 用PPT做好培训: 4TS万能公式 **192**

第33课 用PPT做好产品介绍: FABE法则 **204**

第34课 用PPT讲好商业计划书: 4W1H法则 **208**

PART 07

第7篇 实操篇

第35课 会议型PPT **216**

第36课 发布会型PPT **216**

第37课 培训型PPT **220**

第38课 演讲型PPT **222**

第39课 企业介绍型PPT **222**

第1編

思维篇

1

PPT思维是一种以演示文稿（PPT）为主要工具，进行逻辑思维整理和视觉呈现的思维方式。它强调通过PPT的视觉化元素，如文字、图片、图表等来清晰地表达思路和观点，帮助观众更好地理解和记忆信息。

在制作PPT时，需要遵循以下原则。

（1）明确目标：在开始制作PPT之前，要明确演示的目标和主题，确保整个演示文稿的内容都与主题相关。

（2）简洁明了：PPT中的文字和图片要简洁明了，避免过多的无关话语和无关元素。

（3）层次分明：PPT的页面和内容要有层次感，可以使用目录、标题、副标题等来划分层次。

（4）突出重点：对于重要的内容，可以使用加粗、斜体、下画线等方式来突出显示。

（5）图文并茂：在PPT中加入适当的图片和图表，可以使内容更加生动和易于理解。

（6）避免文字堆砌：尽可能地避免直接复制、粘贴文字，而是使用简洁的语言和图表来表达。

（7）调整模板：使用适当的模板，可以使PPT的视觉效果更加统一和专业。

（8）排版美观：注意文字的排版，如字体、字号、行距等，使整个演示文稿看起来更加美观。

（9）适当的动画：给PPT增加一些动画，使PPT更充满动感。

（10）增加3D元素与特效：给PPT添加一些3D元素与特效，使PPT更具高级感。

（11）校对无误：在完成PPT后，要仔细校对，确保没有错别字、语法错误等问题。

（12）多次演练：多次演练演示文稿，可以更好地掌握时间，提高表达的流畅性和准确性。

通过遵循这些原则，可以制作出更加专业、易于理解和记忆的演示文稿，提升演示效果。

第01课 什么是正确的职场型 PPT

创作正确的职场型PPT，一切从提升信噪比开始。大家可能会有疑问：什么是信噪比？为什么它会成为我们学习PPT正式课的第一节内容呢？

在企业里面要制定发展战略，最好的方法就是"择高而立，以终为始"。学习，其实也是一样的。我们以终点来看起点，先找到正确的方向，再往这个方向去使劲，就会容易得到结果。这就是信噪比成为我们学习PPT正式课的第一节内容的原因。

1.1 什么是信噪比

信噪比（Signal to Noise Ratio，SNR），又称为讯噪比，它其实多运用在通信领域。在通信领域中，信噪比是指一个电子设备或者电子系统中信号和噪声的比例。比如，用手机打电话，在以前2G或3G时代经常会有信号不好的情况，但现在5G时代信号已经好了很多；再比如，大家生活中所用到的收音机或者收听节目的电台，到现在都还会有扑哧扑哧的这种杂音，它会影响到我们的收听。其实，想要提升信噪比就是要不断地去提升信号，从而去降低噪声的影响，这样就会让我们听得更清楚。

PPT与信噪比之间有什么关系？信噪比作用于PPT上，就是相关内容与无关内容的比例。我们应该提升PPT页面当中要传递的相关信息，同时降低那些无关信息，从而避免影响到观众的理解。所以我们要耗费更多的精力去提升PPT的信噪比。

1.2 关于信噪比的真实故事

小张家的水果店开始的招牌如图1-1所示，上面写的是"我们这儿卖新鲜水果"。他的父亲觉得这个标题太长了，于是将其改成"这儿卖新鲜水果"。后来，她姐姐觉得"这儿"两个字是多余的，于是改成"卖新鲜水果"，如图1-2所示。

图 1-1 修改前的水果店招牌

图 1-2 修改后的水果店招牌 1

其实,后来大家知道他们家卖的是水果,于是索性把"卖"字也去掉,改成"新鲜水果"。再后来大家知道他们家的水果都是新鲜的,加上"新鲜"两个字反而让顾客觉得有造假嫌疑,索性把"新鲜"两个字也去掉,就剩下"水果"两个字,如图1-3所示。

有一天,小张远远地向招牌看去,发现"水果"两个字完全看不清,而且多余。于是他索性把所有字都去掉,只用一张铺满各种水果的图片代替,如图1-4所示。

图 1-3 修改后的水果店招牌 2　　　　　　图 1-4 没有文字的水果店招牌

这个故事讲的就是,小张在不断地降低和减少干扰信息的过程。

1.3 三个案例分析

接下来列举三个真实项目中的PPT案例,并以修改前后对照的方式讲解,以便大家更容易理解。

※ 案例01:软件开发介绍页面

图1-5所示为案例修改前的方案。这个案例涉及软件开发,大家可以看到里面有甲级、乙级这样的一些参数,表格中标注了两种资质的对比说明,背景也很有科技感。单纯从页面来说,这个方案没有多大的问题,中规中矩。但实际上,经我们反复评估这个页面的设计,会发现这个表格是不利于信息传达的。换句话说,怎么才能去提高它的信噪比呢?

图1-6所示为案例修改后的方案。修改后的方案似乎看起来没有刚才那么酷炫,也没那么复杂,它变得其实更简单了。但从观察的角度来看,这个方案是不是更容易获得关键信息了。左边和右边对比的形式让两种资质参数更加一目了然。

图 1-5 修改前的方案　　　　　　　　　图 1-6 修改后的方案

※ 案例02：汽车销售数据页面

图1-7所示为案例修改前的方案。图1-7中是一个三维柱状图，很多人都喜欢用三维视觉设计，这里也没问题，此外这里有2010年到2022年的数据，标题也标注了从2010到2022，背景是跟汽车相关的图片，整个画面看起来似乎问题都不大；但是很遗憾的是，作为观众，看到这张图后根本不知道要讲什么，它要传递的核心信息是什么。因为其中有太多信息，包括标题的时间、背景的汽车、下方柱状图的数据等，这样不仅不能很好地传递信息，还容易误导观众，不知道哪一个是应该要重点关注的。

图1-8所示为修改后的方案。其实我们也进行了多次优化，比如去掉了背景中的汽车，因为上面写得很清楚是卖车的；然后上面的标题也更改成"2022年销售了3100辆汽车"，这个标题也发生了一个根本性的变化，其实整个页面就是要告诉大家2022年卖了多少汽车，这样就更加明确、简单、清晰；下方的折线图也清楚地表达了2010—2022整个销售数据的变化过程，一目了然；关键的是在2022年销售数据3100上用了一个圈把它进一步突出和放大，这样可以更好地引导观众的视觉焦点，从而与标题对应起来。

修改后的页面信息变得非常明确，这样就是提升了它的信噪比，从而使表达内容更准确，降低了不必要的干扰，更有效地传达了要表达的信息。

图 1-7　修改前的方案

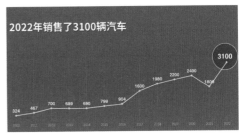

图 1-8　修改后的方案

那么两个案例中修改前、修改后的方案，你更喜欢哪一个呢？会不会给你一些启发呢？

※ 案例03：留学机构介绍页面

图1-9所示为案例修改前的方案。这是一个留学机构PPT设计中的一页，客户想在其中介绍关于US News的一些排名，这里有两个核心的内容：上面是关于排名的3种形式；下面是对这个评判标准的7个要素的详细说明，以及它们所对应的比例数据。整个页面中的信息非常多。其实，在我们日常制作PPT的过程中经常会遇到这样的情况，处理的方法有很多，这里给大家推荐一个笔者经常用到的方法。

图1-10所示为案例修改后的方案，非常有意思，把一页变成了两页。学会内容拆分，这一点对于整理PPT内容来说是非常重要的一个能力。对于页面，当核心内容太多时，就要学会拆分。在PPT设计的过程中有一个经验或者说是一个方法，就是一页只有一个核心主题。拆开之后，第1页是3种排名，第2页是7项数据。这里在设计过程中也没有用数据图表，而是变了一种形式，即把图表做成了一个颜色渐变效果，对于数据的不同用尺度做了一个形式上的说明，

有一些差异即可。

我们所做的就是：去掉大段的文字，拆分关键信息到不同的PPT中，让观众更容易识别。这个就是刚才说到的，PPT上面的这些相关内容与无关内容的比例，放大相关信息，减少不必要信息。

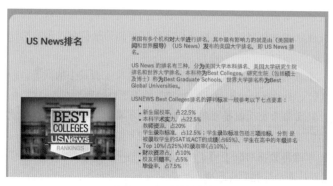

图1-9　修改前的方案

图1-10　修改后的方案

1.4　1-7-7法则

接下来给大家分享一个实用的工具来辅助设计，这个工具称为1-7-7法则。简单来说，就是1页PPT只有1个中心思想，1页PPT里面不要超过7行字，1页PPT里不要超过7个要点。

这个7其实是一个很神奇的数字。1956年美国心理学家乔治·米勒提出7加减2的理论，也就是一次性接收信息的数量最多不要超过9个（7+2），最少不要低于5个（7-2）。但是随着科技的进步，像PPT这样的载体越来越多，我们的大脑接收信息的容量其实在变得越来越小，所以人们又提出了新的实验结果，就是5加减2，一次性接收信息最多不要超过7个（5+2）。7这个数字是符合信息极限容量的，比如一周有几天？彩虹有几个颜色？白雪公主和她的几个小矮人？葫芦娃有几个？

关于信噪比的提升，也就是我们说的提升、放大与PPT相关的信息，减少、降低那些无关的信息，这一内容是本章的主要知识点。用通俗一点的语言来说，就是简化不必要的内容，让焦点更清晰。

第**02**课 如何提升职场 PPT 高级感

如果说提升信噪比是通过简化不必要内容让焦点更清晰，那么高级感就是用来吸引并打动观众的。首先想跟大家探讨的是，提升PPT高级感，能够给你的呈现带来什么？

提升PPT高级感后可以带来以下3点显而易见的价值。

1. 帮助你在观众心里留下更好的专业度、可信度印象。有了这份专业和值得信赖的印象，表达的观点也会更有信服力；因为专业，所以信任，就如你所见非凡的感觉。

2. 为你所表达的内容赋能，提升内容的溢价率。产品发布会可以让产品带来溢价，商业路演可以为项目加分，演讲汇报也可以让内容更有价值。

3. 帮助您提升个人魅力，获得更多机会。PPT就像一面镜子，当你呈现在观众面前时，你的服装、言谈、举止，当然也包括你的PPT，都是体现你个人品位的一部分。一份充满高级感的PPT会极大地提升你的个人魅力，当然也会让你获得更多的机会。

2.1 高级感到底是什么

什么是高级感？下面借色彩大师莫兰迪先生的话，用3个词来对高级感做一个理性的总结。

克制的：高级的事物，往往都需要克制。用通俗一点的话讲就是，少即是多，就像设计师平时说的留白。

极致的：极致的背后就是细节。精美的事物，必做于细。

独特的：独特的可以理解为差异化、独一无二、与众不同的。

如何实现高级感？相信这个时候大家还是似懂非懂，道理懂了却做不到。那么接下来介绍PPT变高级的诀窍。

开始之前，想先让大家明白一句话"站在优质素材上，进行组合再加工"。这里面有两个信息：一个是素材；另一个是组合加工。那么这里面有个核心点就是刚才讲到的素材，素材其实就是找设计参考。

有一个很有趣的现象，笔者身边有很多设计科班出身的朋友，初期都会有一个习惯，就是希望从0到1去原创，但是很遗憾！99%的人并没有成功。

很多伟大的作品都不是从0到1的"原创"。这里的原创要加一个引号，因为并不是说这些作品不是大师们创作的作品，而是说原创也一定是基于已有的素材，这些素材有的源于生活，有的源于大自然，有的源于前人经验。

所以无论是设计一个好的作品还是设计一个高级的PPT时，请站在巨人的肩膀上，且一定要学会找到优质的参考，并联系进行重组，这样就可能诞生出属于你自己的优秀作品。

2.2 两个案例分析

接下来给大家分享两个案例。

※ 案例01：光斑效果素材来源

如图2-1所示，大家可以看到有很多光斑掉落下来，随之出现了一条鲸鱼及文案。无论是作为PPT封面还是重要的内容展示页，它都还不错。

笔者的这个设计灵感源于图2-2所示的一个画面，这是一个官网上的设计。当时看到这个官网上的视频，觉得很棒，然后就想办法去找到这个素材，利用PPT自身拥有的功能去把它现出来。

图 2-1 案例演示

图 2-2 灵感来源

※ 案例02：调性素材来源

本案例是一个实际的商业项目，展示内容是一堂关于英式下午茶的课程。具体来说，笔者是为一位非常优秀的国际礼仪老师丁一设计的PPT，丁一老师也是礼仪学社的创始人。

笔者拿到设计需求后，很快就完成了如图2-3所示的设计，但发现始终缺少些什么。于是笔者就去找参考灵感，但发现很难找得到与下午茶有关系的设计网站。然后笔者搜索全球顶级的酒店，结果找到了一家Jumeiah酒店的官网。Jumeiah堪称世界上奢华、具有创新意识的酒店。图2-4所示为参考素材，笔者就是按照这个调性与氛围去打造丁一老师的PPT。

注意：在找灵感的时候，可以找相同领域的，也可以找相关领域的，最好找领域内的头部或者说是最高标准的，因为他们的官网或者相关资料会有一定的设计基础。

图 2-3 案例

图 2-4 参考素材

调整完后的效果如图2-5所示，是不是比以前好多了。

通过这两个案例，大家在关于高级感怎么练成的方面应该得到了一些启发。虽然只分享了两个案例，但它们并没有这么简单。是想在开篇给大家一个方向、一种思路、一种信心，即使你是非设计科班出身，只要方法得当，也可以设计出高级感满满的PPT。

图 2-5 最终效果

第03课 如何提升结构化思维

有没有发现，在你身边表达能力突出的同事或者朋友，无论是在职场的晋升过程中，还是在生活当中的异性缘，他们的的确确容易得到更多的机会。那他们天生就是这样的吗？其实并不是。我们看到他们的表达能力其实只是表象，其背后实际上是他们更擅长的结构化思维。

3.1 什么是结构化思维

在思考、分析、解决问题时，以一定的范式、流程顺序进行就是结构化思维。如图3-1所示，本来你的思维是这样的，经过结构化思维处理后就变成图3-2所示的样子。

图 3-1　结构化思维处理前

图 3-2　结构化思维处理后

结构化思维就是一种让你由发散到具体、由混乱到清晰、由无序到有序的过程，如图3-3所示。

图 3-3　结构化思维

3.2 案例分析

举个例子，老板同时让A、B两位同事去做矿泉水市场的调研。A同事很快就回来了，对

老板说："今天调研了三个超市的矿泉水。"老板问："那超市的矿泉水有多少个品牌呢？"A
同事不知道并说："我再去看一看"。接着又跑去超市，然后回来向老板汇报："一共有十种品
牌"。老板又接着问："那价格都是什么样的？"A同事又傻眼了，然后又跑了一趟。

那么看完A同事的汇报，你有什么感觉？是不是感觉辛苦一点没少，效率一点没上来。因
为他就是用线性思维在思考，老板说一件事，他去办一件。

再来看看同事B是怎么汇报的。他跟老板说："今天我调研了三家规模较大的超市，总共
有十种矿泉水品牌。价格主要有三个区间，分别是一到两元、三到五元和十元以上。三种价
格中有代表的矿泉水品牌，我分别都带回来了一种，您看看。"

看完这个汇报，就会感觉B同事的汇报更加干脆利落，效率更高。从抽象的角度来看，他
的汇报就是按照结论先行的原则进行汇报的，如图3-4所示。B同事是利用结构化思维方式来
思考和行动的。

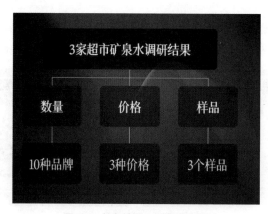

图3-4　抽象地看B同事的汇报

3.3　如何使用结构化思维

通常使用结构化思维有4种方法，即结论先行、以上统下、分类归组和逻辑递进，如图3-5
所示。

方法1：结论先行

在很多场景下，如果先将结论表达出来，那你的表达已经完成一半了，尤其是在做PPT
呈现的时候。为什么很多人跟老板汇报工作时总是讲不好？这可能是因为他不懂得结论先行，
而老板想听的不是数据，也不是遇到了什么问题，而是想听做出来什么业绩，达到了什么成
果。若开口就把结论给老板，这种汇报的效果肯定是更好的。

方法2：以上统下

以上统下，简单来说，就是先总后分，先重要后次要。这个过程类似于在搭建金字塔的
结构，自上而下，塔尖就是结论，如图3-6所示，越到塔底就是越具体的内容。

方法3：分类归组

分类归组，即属于同一逻辑的一定要归类在一组，A下面的就是A1、A2，B下面的就是

B1、B2，这样表达就会非常清楚。

方法4：逻辑递进

逻辑递进就是在表达的过程中，同一种内容之间应该是有某种逻辑关系的。比如，对于重要程度的逻辑关系，我们先讲重要的，后讲次要的。在讲的时候是要讲究流程的，第一步要干什么，第二步要干什么，第三步要干什么，把步骤一二三表达出来，那么你的表达也会更加清晰。

图3-5 以上统下的结构化思维方法

图3-6 归类分组的结构化思维

3.4 培养结构化思维工具

虽然没有办法让某个人瞬间成为有结构化思维的人，但是市面上有工具能帮助人们快速建立结构化思维思考方式，这个工具就是XMind。XMind通常用于制作商业思维导图，可以简称它为思维导图。它是支持免费下载使用的，大家直接在网站下载就可以使用了。

结构化思维工具的功能：推理方式

用XMind官网上的描述，就是让你的思维可以更清晰地结构化呈现。

双击计算机桌面上的XMind图标进入软件界面，启动时它会推荐一些结构图，有思维导图、逻辑图、树状图、时间轴、矩阵图等。除了新建下面的这些框架，还有一个图库，图库里是一些更有设计感的模型结构图，如图3-7所示。

在新建下选择一个逻辑图，单击"创建"按钮。进入后可以发现这个软件的界面是非常干净的，没有太多的功能按钮，如图3-8所示。

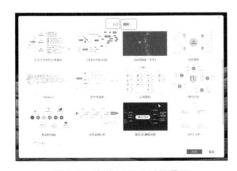

图 3-7 启动 XMind 后的界面

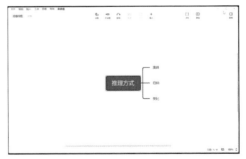

图 3-8 新建的文件界面

接下来教给大家有关XMind的两个最重要的操作：修改标签和增加分支。

默认的主题为推理方式，然后下面有3个分支内容，分别为演绎、归纳、类比。想要修改标签内的文字，只需要双击该标签里的文字内容就可以修改了。

当想在类比下面增加一个分支时，只需要将鼠标指针放在类比上将其激活，然后敲"回车"键，新的分支就会出现了。层级往往不止一个，一般至少有3个层级，即从主题到目录，再到内容。当想在一个层级后面加入新的层级时，将鼠标指针放在需要加入层级的标签上将其激活，然后按Insert键，就可以加入新的层级了。新的层级建好之后，将鼠标指针放在新建的层级上，敲"回车键"就可以添加分支了。以此类推，这就是XMind的结构化。它完全符合金字塔的原理，结论先行，彼此独立，一个分支说一个事，可以理解为每一个分支就是一页PPT。

接下来看一看第二个非常有用的功能，称为演说模式，它可以将思维导图转变成令人难忘的演说。具体来说就是如果你在时间很紧张的情况下或者视觉没有要求的环境下，需要发生一场即兴的演讲，用XMind是可以实现的。下面来看一看XMind的演说模式。

如图3-9所示，文件的右上方会有一个"演说"按钮。

只需要单击"演说"按钮，它就会生成一个类似于幻灯片的演示模式，已经自动拆分成一页一页的这种结构了。单击回车，第一级"呈现"就出来了，再次单击"呈现"就会独立成一页，单击"呈现"下面的层级，第一个分支就会出现，再次单击分支的子层级就会独立成一页，再次单击就会回到"呈现"下面的第二个分支。以此类推，就会按照图3-10所标注的顺序依次播放了，最后会出现整个思维导图作为总结。

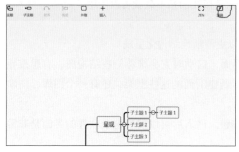

图 3-9　"演说"按钮

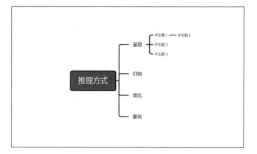

图 3-10　播放顺序

总分总的概念非常符合人们的演讲逻辑，有没有觉得XMind的演说模式是一个意外惊喜呢？

一键转PPT

在XMind中把组织结构搭建完成，再把内容都输入完成后就可以一键变成PPT了。下面就来看一看XMind是如何一键转PPT的。

在菜单"文件"/"导出"/"导出"命令里面有很多格式，只要选择导出为"PowerPoint"即可。打开生成好的PPT可以看到，它的顺序结构跟刚才XMind里面的演说模式是一样的，如图3-11所示。

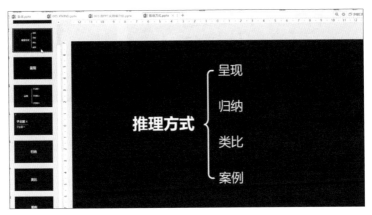

图 3-11　一键生成后的 PPT

利用XMind软件的一键生成PPT功能，可以为人们在PPT里整理内容省下很多时间。

第04课　职场 PPT 制作的方式和 5 个步骤

接下来要给大家讲解的是PPT制作步骤，也就是制作一份理想PPT的5个步骤。大家都知道生产有生产工序，服务有服务流程；就算是谈恋爱、结婚也有一个过程，即从开始认识到牵手，再到走进婚姻的殿堂。PPT制作显然也有其自己的流程，有了正确的方法、有了科学的流程，这样才能得到更好的演示效果。

4.1　如何开始制作PPT

为了让大家能更好地应用合理的流程制作PPT，我们先还原一个应用场景。你在工作当中取得了一些成绩，要进行一次成功经验的分享，就需要制作一份PPT。那么，你会如何开始制作PPT呢？

首先把调研和总结的几点制作PPT的要素给大家呈现出来，如图4-1所示。大家可以看看这些是不是制作过程中会考虑的全部要素。

经过调查，90%的人在制作PPT时，直接想到的就是模板，而不会去考虑图4-1中其他7个点。当找到一个还不错的模板时就觉得灵感来了，于是就开始向模板里面填内容，结果发现越做越不对，如做到一大半的时候发现自己的内容填上去，没有原来模板高级的感觉，最后就放弃了，或者勉强接受不满意的效果，因为时间来不及了；或者重新找模板，于是就在边改边做、边做边改中往复，最后深陷其中，如图4-2所示。

图 4-1　调研和总结的几点制作 PPT 的要素

图 4-2　边改边做 PPT 的烦恼

这个时候会发现效率太慢，而且最后做好的这份PPT大概率是没有达到最初想象的效果的，也导致后面的演示没有达到预期，甚至可能丢掉客户、失去机会。

为什么会出现这种情况呢？原因很简单，人类左脑控制的是理性思维，包括运算、逻辑、推演；右脑控制的是感性思维，包括视觉、声音、色彩方面的感知。如果制作PPT按照图4-1所示的惯性、低效率顺序，这个顺序其实让你在制作PPT的过程中左、右脑一直切换，从而导致效率慢，结果达不到预期。

如果把左、右脑管理的内容区分开来，如图4-3所示，先把左脑控制的内容做好，再做右脑控制的视觉部分，即可纠正低效率的习惯，进一步规范工作流程。

图 4-3　高效率的 PPT 制作方式

4.2　职场PPT制作的五个步骤

下面来看一看PPT制作到底有哪5个具体环节步骤。

第1步：搭建框架。搭建框架也就是搭建整体的结构。有了结构就像有了大纲目录，便于根据目录去填充对应的内容。

第2步：梳理内容。根据大纲目录，罗列能够想到的内容。内容尽可能全，这个时候宁多勿缺。

第3步：提炼要点。提炼要点很关键，可以把烦琐、重复的内容变得更加精练、易懂。

第4步：规划布局。根据信息的内容进行版面的布局规划，也就是我们说的排版布局。排版布局的核心不是为了好看，而是为了聚焦，如就是不断地去突出重要信息。

第5步：设计美化。最后就可以开始美化设计了，例如，加图片、做动画、放视频等。不过特殊效果的添加要适可而止，因为职场类PPT传递的观点才是核心要务，其他都是辅助你传递观点的。

第05课 内容演示的四化原则

如果你过去是一个"PPT小白"（尤其是设计方面），或者说你有一定的经验，但是始终还处于Word搬家、内容非常乏味水平，对这部分内容一定要好好学习。

在一个非常注重颜值的时代，PPT演示怎么能变得让人更愿意去看、愿意去听，就显得非常重要。内容演示的四化原则可以简单理解成对PPT进行"瘦身""美颜"的过程。

开始之前，我们先进行一个小练习。大家对图5-1所示的内容尝试加工，重新做一张幻灯片。这样做的目的是便于你的讲解，也便于听众更好地记忆它。

- 企业怎么筛选核心人才呢?专家研究发现关注核心人才的生活细节，非常有效，因为生活细节是很难骗人的，那么怎么做呢?

- 可以请他一起吃饭，透过他吃饭时候的各种交际细节，判断其人际沟通水平，举个例子（略）;

- 当然，可以请被选人一起出差，住在同一个房间，生活细节不会骗人，透过生活细节会洞悉对方的各种习惯，有一次，我和小张出差（略）;

- 还有一个办法就是和他一起旅游，来看他的喜好厌恶，从其品位中了解其境界，分享个小故事（略）。

图 5-1　小练习

看过内容后可以发现，这其实就是一个简单的Word搬家，那么在这种情况下你去讲解，就像是变成了一个读词器，听众也不愿意听。

那么怎么去对内容进行"瘦身"呢? 一个办法就是我们要学的内容演示的四化原则。

5.1　表述概念化

表述概念化的意思就是把核心要点变成一个更短、更容易去记忆和讲解的词语。

在进行表述概念化处理前，先把原文字拿出来，如图5-2所示。

然后对文字里面的细节进行标注，如图5-3所示，标黄的地方其实就是里面的核心要点。

企业怎么筛选核心人才呢?专家研究发现关注核心人才的生活细节,非常有效,因为生活细节是很难骗人的,那么怎么做呢?
可以请他一起吃饭,透过他吃饭时候的各种交际细节,判断其人际沟通水平,举个例子（略）;
当然,可以请被选人一起出差,住在同一个房间,生活细节不会骗人,透过生活细节会洞悉对方的各种习惯,有一次,我和小张出差（略）;
还有一个办法就是和他一起旅游,来看他的喜好厌恶,从其品位中了解其境界,分享个小故事（略）。

图 5-2　原文字

企业怎么筛选核心人才呢?专家研究发现关注核心人才的生活细节,非常有效,因为生活细节是很难骗人的,那么怎么做呢?
可以请他一起吃饭,透过他吃饭时候的各种交际细节,判断其人际沟通水平,举个例子（略）;
当然,可以请被选人一起出差,住在同一个房间,生活细节不会骗人,透过生活细节会洞悉对方的各种习惯,有一次,我和小张出差（略）;
还有一个办法就是和他一起旅游,来看他的喜好厌恶,从其品位中了解其境界,分享个小故事（略）。

图 5-3　重点标黄

接下来，对表述进行概念化转换，"请他一起吃饭"可以变成"吃一顿"，"一起出差，住在同一个房间"可以变成"住一回"，"和他一起旅游"可以变成"玩一把"。这里用"吃一顿、住一回、玩一把"仅仅这9个字，其实就把这3段话全部总结出来了。

◎ **关键要点**：高度概括关键字词。

5.2 概念图形化

人的大脑更喜欢图形图像，所以要尝试把这种文字性的概述与图形结合起来。如图5-4所示，我们单看这个界面，"吃一顿、住一回、玩一把"还是比较单调的。

如图5-5所示，加上一些具体事件的图片，观察看当前这张幻灯片的时候注意力会更加集中，也更加形象地表达了当前的文字内容。但需要注意的是，图片表达的含义一定要与文字信息匹配，这是一个前提。

图 5-4 表述概念化后的界面

图 5-5 添加图片后的界面

除了借用实景图片进行图形化处理，还可以添加如图5-6所示的图标。这也是图形化处理的一种选择方式。

另外还有两个需要注意、非常常用的图形化处理方式：如图5-7所示，一个是数据图表，另一个是概念图示。

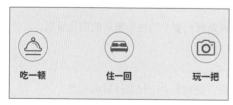

图 5-6 添加图标

图 5-7 数据图表和概念图示

通过这个数据图表，相信大家更容易理解所要传达的信息。这类图表类型多样，常用的有柱状图、条形图、折线图等。关于概念图示，这里需要稍微解释一下。概念图就像是WPS里的智能图表，在Office的PPT里称为Smart Art。这种图示通常能够表达一些流程、一些要素、一种层级关系，后面专门会学习到它的一些制作方法。

实景的图片、图标、数据图表、概念图示就是图形化处理中最为典型的表达方式。

◎ **关键要点**：为每个概念匹配一张恰当的图片。

5.3 图形层次化

图形层次化特别有利于帮助用户在做演讲、做汇报时把握节奏的关键点。

例如笔者要讲一个内容，那么在讲的时候一定不要全盘托出，否则观众的视线会被分散。如果换成一次出现一个，如图5-8~图5-10所示，采用了一个简单的逐个出现效果，这样在讲一个内容的时候其他内容没有出现，观众的注意力是在这一个点上，接着讲第二个点的时候，观众的注意力会跟着走。

图 5-8　第 1 个出现

图 5-9　第 2 个出现

图 5-10　第 3 个出现

◎ 关键要点：图形逐渐出现，以便引导注意力。

5.4 层次动态化

刚刚的逐渐出现效果是比较僵硬的。换言之，这种效果可以达到逐个出现的目标，但是效果不太高级或者说效果缺少一点灵动感。层次动态化可以解决这个问题。

例如，我们仍然会让界面有层次，单击出现第一个，如图5-11和图5-12所示，这时可以发现界面会有一个简单的动画出现效果，这样能让观众在视觉体验上更加舒服，体验感更好。

图 5-11　动态效果过程 1

图 5-12　动态效果过程 2

◎ 关键要点：动态不要杂，以轻柔、统一为主。

第2篇

内容篇

2

在整理PPT内容时，有以下几点注意事项。

（1）明确主题和目标：首先，要明确PPT的主题和目标，确保所有的内容和元素都与主题和目标相符。

（2）精练文字：PPT中的文字应当简练，避免出现冗余和重复。每个字、每个词都要经过仔细斟酌，确保其准确性和必要性。

（3）使用标题和副标题：在PPT中，使用标题和副标题可以帮助观众更好地理解内容。标题应该简短明了，副标题则可以提供更多的详细信息。

（4）图表和图片优先：相较于文字，图表和图片更能直观地传达信息。在可能的情况下，尽量使用图表和图片来解释观点或数据。

（5）保持一致性：在PPT的内容整理中，要保持一致性，这种一致性包括风格、格式、字体、颜色等的一致性。这样能够使PPT看起来更专业，更有条理。

（6）避免过多的文字：尽量避免在PPT中放入过多的文字。PPT应当是引导观众理解内容的工具，而不是简单地复制文档，因此，设计者尽量用简短的语句和关键词来表达主要内容。

（7）注意排版：在整理PPT内容时，要注意排版，确保文字、图片、图表等元素之间有适当的间距，避免拥挤或混乱。

（8）测试和修改：在完成PPT的内容整理后，要进行测试，查看是否有错别字、格式问题、图片不清晰等问题。然后根据测试结果进行修改和完善。

（9）适应观众需求：由于不同的观众有不同的需求和期望，因此在整理PPT内容时，要考虑到观众的背景和兴趣，调整内容和风格，以更好地满足他们的需求。

（10）创新和创意：在整理PPT内容时，可以尝试加入一些创新和创意的元素。这样不仅能够吸引观众的注意力，还能够增加内容的吸引力。

遵循这些注意事项，可以帮助大家更好地整理PPT内容，提高演示效果。

第06课 PPT内容如何从0到1

一份PPT内容如何从0到1？看到"内容"这个关键词，预示着我们要学习的第一个是知识。大家回忆一下过往的经验，PPT内容到底是怎么产生的？在刚入职的时候，可能就是领导给了一份现成的文档，你负责把它做成PPT。但是随着职位越来越高，或者经验越来越多，做的项目越来越高级，那么此时可能就需要你自己去策划提案、融资或者招商等，并需要你自己去构思整个PPT内容。

这种构思非常重要，那么怎么去构思呢？我们可以想象成是在拍一部电影，电影需要剧本，接下来需要化妆、道具、场景等，最后演员要演出。这些对应到做一份PPT上，就是内容策划、视觉设计和演讲表达，如图6-1所示。

图6-1 做一份 PPT 就像拍电影

本节课要学的就是内容策划，也就是我们所谓的写剧本。

6.1 PPT内容从0到1是如何诞生的

如图6-2所示，先感受一下这个画面，这个画面叫纺织。

做纺织的工艺流程是要先搭好这个纵向的线，也就是把骨架先搭好，这个纵向的线叫经线，如图6-3所示。经线搭好以后，就有一个稳固的形态。在这个形态稳固的情况下，我们再一根一根慢慢地去编织这种横向的纹理图案，横向的这个线也称为纬线，如图6-4所示。

图6-2 纺织画面

图6-3 经线

图6-4 纬线

经线、纬线对应到PPT中就是结构和内容，如图6-5所示。

首先要明白PPT是有框架的。所谓的PPT框架，就是大家看到的封面、目录、过渡、内容、总结、封底，如图6-6所示。这6个名词分别代表着PPT里面的6种功能的界面，这个界面按字面意思理解就可以了。

图 6-5 结构和内容

图 6-6 框架结构

如图6-7所示，将6种界面串起来，所形成的结构大概是从上往下的一个结构。这时看起来是不是就像PPT的一个框架结构了。首先从封面开始，然后到目录，接下来进入过渡（过渡为什么有这么多，这是因为这里面可能有1、2、3、4、5个不同的章节，在演示的时候，当进入每一个章节后，为了让内容清晰，通常我们就用一个过渡页来提醒），然后出现内容，内容讲完之后就是总结，做完总结，最后一个就是封底。

这就是一个完整的框架结构。

图 6-7 界面串联

6.2 如何构建内容

知道框架之后，要怎么样去构建内容呢？这里推荐两个很好的方法。

※ 方法1：便签法

便签法使用的工具就是便利贴和笔，也就是说这个时候可以不打开计算机。便签法特别适合线下多人去做头脑风暴时，经常用在一些价格不菲的企业培训当中；这种方法可用以提炼、萃取内容。有共同的主题后，针对这个主题，每个参与者都可以在便利贴上写下自己的观点。这个时候要注意，其实一张便利贴就是一页PPT，然后将其贴在对应的结构上。

这种方法中的参与者没有被软件束缚，可能就更专注在内容上面，这是该方法最大的好处。贴好以后，参与者可以站在一起，就像站在上帝的视角一样，审视哪个地方重复了就可以扔掉，哪个地方不够就可以立刻加上。当然对应不同的结构，可以选择不同的颜色，这样就会更加清晰。

在便利贴上怎么写呢？如图6-8所示，这张贴在标题处的便利贴上，用蓝色的笔写明标题，用红色的笔写明所需的配图。

再举一个内容页便利贴的例子，如图6-9所示。可以看到，该便利贴中还是用蓝色的笔写上标题，用黑色的笔写上内容，最后用红色的笔标明要配的图。

 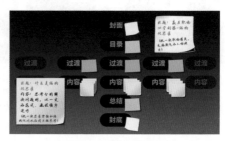

图 6-8　贴在标题处的便利贴　　　　　　　　　图 6-9　内容页便利贴

这个时候就像是导演在写剧本，不管之后这份PPT是不是由编写者亲自来完成，便利贴上写得都非常清晰、明确。这个方法也广泛应用在全球很多顶级公司。

※ 方法2：思维导图法

思维导图法所使用的工具就是XMind。该工具最大的好处就是效率高，它为我们已经准备好了结构，允许个人独立快速去完成构思，同时允许把做好的文件传输给其他伙伴，实现团队远程协作。

如图6-10所示，可以发现在当前这个页面中，我们没有专门去指定目录页、封面页，也没有过渡，只有一个主题，然后就是后面的内容，这是因为XMind已经帮我们把结构做好了。

如图6-11所示，大家可以看到从XMind中导出来的PPT。可以看到，第一张封面自动就生成了（虽然视觉上只有黑底白字，但我们现在不考虑视觉，只考虑文字内容），接下来第二个页面，可以看到目录就自动生成了，然后第三个页面自动生成过渡页，接下来就是内容。每一个模块都是一样的，先是过渡页，然后是目录，接下来一一展开，最后就是总结。该结构唯一缺少的就是封底页，也就是结尾页。

图 6-10　思维导图内容　　　　　　　　图 6-11　从 XMind 中导出的 PPT

该方法的方便之处在于，只需要去考虑内容的填充就可以了。

需要记住一句话：要确保框架是完整的，内容要做到完全穷尽。这个时候不需要有"思想包袱",因为该方法不需要内容有多么精准,逻辑有多么严谨。只要是你头脑中闪过的东西,都放上去。这时,记住宁多勿少。框架结构里面从封面、目录到过渡、内容、总结、封底,这6个部分一个都不能少。

第07课 运用 HQC 原理打通 PPT 逻辑

运用经典的HQC原理打通PPT逻辑,通过这部分内容的学习,读者学会的不仅仅是PPT的逻辑,甚至可能会把整个认知思维打通,成为职场PPT制作高手。

什么是HQC?HQC其实是3个英文单词Hierarchy、Quantity、Connection的首字母缩写,对应中文就是层级清晰、数量有度、逻辑关联,如图7-1所示。

图 7-1 HQC 对应的中英文

7.1 Hierarchy(层级清晰)

先来讲层级清晰,这里的层级是指针对于PPT内容中存在的上下级关系,如图7-2所示,一级标题、二级模块、三级要素。从结构上讲,PPT的内容页尽可能控制在3个层级以内,否则信息内容就可能会出现超负荷的情况。

如图7-3所示,这是一页常见的PPT样式,对应前面提到的3个级别。

首先,一级标题也就是一页PPT中的标题,有时候可能是主副标题,但没有关系,我们可以将它们理解成都属于标题这个级别。

然后,是二级模块,一般用模块来划分,这样比较贴切,这页PPT中有3个模块。

最后,是三级要素,也就是每个模块下面展开说明的内容,被称为要素。

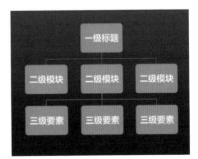

图 7-2 结构图

图 7-3　PPT 样式

这样就更容易理解这一页PPT的结构组成了，但是大家要记住，层级结构不是目标，层级清晰才是重点。

层级清晰可以通过图7-4所示的结构图来理解，可以看到第一层级有5个标题，每个标题下面都有自己的模块，比如第三个标题下面有3个模块，那用数字来表示就是3.1、3.2、3.3。

但如果不清楚层级关系，就可能把它放错地方，就好比把3.3放在了不属于它的层级上面，这样内容逻辑就会出问题，如图7-5所示。

图 7-4　结构图 2

图 7-5　层级放错

所以，不要把第二层级的内容放到第一层级，为了让大家更好地理解，下面来做一个测试，看看下面的内容层级关系有没有问题。

如图7-6所示，主题讲的是销售前的准备工作，目前看来有6点，大家可以看一下在内容的层级上面有没有问题，问题出现在哪里？

通过观察可以发现，仪容准备和仪表准备讲的其实是一个属性的事情，都与形象有关，而后面几个都是独立的内容，它们之间并没有什么从属或者同类关系，因此需要把仪容、仪表放在第二个层级，这就需要重新思考一个标题来包含它们，可以用"形象准备"来做第一层级的标题，而仪容、仪表从属于它，如图7-7所示，这样逻辑更加合理，这就是层级清晰。

所以可以看出，不是简简单单地将内容放上去即可，还要琢磨它们之间有没有什么从属、包含还是并列的关系，避免出现层级错乱的情况。

图 7-6　挑战 1　配图

图 7-7　层级调整后

做好层级清晰是首要的事，接下来看一下有关"数量有度"的内容。

7.2 Quantity（数量有度）

首先来考验一下大家的记忆力，给你5秒钟时间，你能记住如图7-8所示的这串数字吗？相信大家都可以记住，因为会联想到一个符号，即圆周率，那如果是如图7-9所示的这串数字呢？再给你5秒钟时间你能记住吗，答案是大多数人不一定能记住所有的数字。

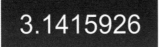

图 7-8 数字展示 1

图 7-9 数字展示 2

如图7-10所示，如果把这串数字分成5个信息块呢？这样是不是就更容易记住了呢？因为人的大脑短时间的记忆极限是5～9位数字，当超过5～9位数字时就很容易出错，把一串数字分成这样的几块，其实更容易记得住。

图 7-10 数字分成信息块

其实这是由乔治·米勒提出的神奇数字——7加减2法则，经常运用到，比如移动端的交互设计，如图7-11所示。可以看到App底部标签一般不超过5个。

图 7-11 移动端交互设计

再比如现在的网络支付密码也都是6位数字，因为人的大脑容量有限。

如图7-12所示，主题下面是一级标题、二级模块、三级要素。首先是一级标题，也就是将来PPT的大纲目录到底多少数量是合适的，答案是3～7个。

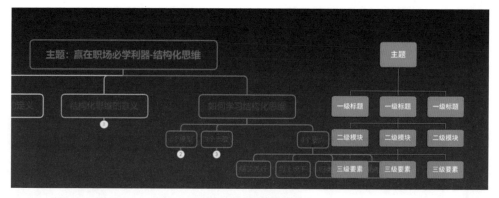

图 7-12　结构图展示

作为一级标题，建议不要少于3点，不然你的内容就没有说服力，但最多不要超过7。

注意：前面所说的最大容量是7加减2，因为最大是9，但是这是大脑容量的极限，对于大部分人来说都是有挑战的，甚至随着科技的进步，人类大脑的容量越来越少，对于大部分人来说5都可能是极限。

一级标题是整个PPT中最核心的内容，是最希望听众记住的，所以在数量上大家既要确保足够，同时也要控制。

接下来一是二级模块，因为模块是辅助展开来说明这个一级标题的，其重要程度仅次于一级标题，数量建议为2～9个，比如，乔布斯称为上帝视角的9大商业画布，9个模块可以构建一套完整的商业体系，最少要有两个模块，就好比正反对比，但如果只有一个模块，则这个层级就没有存在的必要了，所以其结果就是2～9。

三级要素只要确保不多于9即可，在PPT中其重要性低于前面讲解的两个层级，从字体的大小就可以判断出来，如图7-13所示，这就是两个模块的类型，对应的下面就是要素。如图7-14所示，有3个模块，同样，下面也有其对应的要素。

图 7-13　模块类型 1

图 7-14　模块类型 2

如图7-15所示，这页PPT共有9个模块，每个模块下面也有对应的要素。

数量有度，关键点就是要保证我们的观点首先要有足够的说服力，数量要够，同时也不要超过听众的接受能力，从重要程度依次排序为：一级标题3～7个，二级模块2～9个，三级要素小于或等于9个即可。

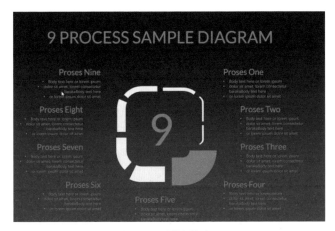

图 7-15　模块类型 3

7.3　Connection（逻辑关系）

当处理好层级关系，每一层级的数量也都掌控有度以后，接下来就是内容之间的逻辑关系了，这里推荐4个经典且最常用的逻辑关系，几乎可以完全覆盖职场中的PPT。

※ 逻辑关系1：3W式

如图7-16所示，假如你需要给新人或者经销商做一个培训，名称为揭秘方太水槽洗碗机，则3W式就非常好用，第一，可以先讲为何销售方太水槽洗碗机，展开它的背景、现状、好处；第二，认知方太水槽洗碗机，可以从定义、材料、功能、区别展开讲；第三，讲如何销售方太水槽洗碗机，共有3个方法：体验法、连带法、故事法。

图 7-16　实例

之所以称其为3W式，第一块其实就是在讲为什么要卖，即英文中的Why，它的第一个字母就是W；第二块就是具体讲它是什么，讲它的一些特点，在英文中称为What，首字母也是W；第三块其实是How，即怎么做，为了方便记忆就取了这个单词的最后一个字母w，就构建成了这里说的3W式。

3W式是非常经典的表达逻辑，为什么、是什么、怎么做，这是在职场上用得真的非常多的一种表达方式，一定要学会。

※ 逻辑关系2：顺序式（流程）

顺序式也可以被称为流程，非常简单直接，就是按照步骤来整理内容。

比如说，如图7-17所示，专业化推销六步法，第一步客户接触，然后展开讲第二步需求挖掘，第三步产品介绍，以此类推，这样你的逻辑就很清晰，听众很容易记得住，思维也跟得上。

图 7-17　专业化推销六步法

流程是在工作中经常会遇到的一种逻辑关系，一定要用好它。

※ 逻辑关系3：并列式

并列式从逻辑上讲比较简单，没有先后顺序，也没有主次级别。

比如说，如图7-18所示，高效能人的7个习惯，分别是积极主动、以终为始、要事第一等，可以任意更改它们之间的顺序，并列式比较简单，只要注意层级关系就好。

图 7-18　高效能人的 7 个习惯

※ 逻辑关系4：重要性

重要性是指在排列内容时，应该按照重要性或者主次顺序排列，先讲重要的，再讲次要的。

比如说，如图7-19所示，以企业员工最在意的关键点为例，公司最近人员流失严重，所以作为HR部门的负责人，需要给领导做一次关于企业员工最在意的关键点汇报，看看到底是怎么回事，在公司内部通过对7个维度的测评数据进行收集之后，然后根据员工在意的这些关键点排序，进行PPT汇报，从最重要的维度开始讲，到最不重要的逐个汇报完。最后得到一个结论，参考调研结果，可以优化员工的激励政策，从而更好地留住人才。

图 7-19　企业员工最在意的关键点

这个就是按照重要顺序来整理PPT的逻辑关系，让听众感觉很清晰，就可以抓到重点的地方开始进行，推进后面的工作。

3W式、顺序式、并列式和重要性这4种逻辑关系，是职场中常用的方法。

"任何一份PPT都是一种主结构结合辅助结构。"关于这句话的意思，进行一个小测试。

如图7-20所示，主题是赢在职场必学利器——结构化思维，可以看到一级标题有3个，是用3W式构建的，接下来看二级模块，以认知模块展开为例子，有3个模块，它们之间就是简单的并列式关系，最后来看三级要素，也是从其中一个模块来展开，有3个步骤就把3个步骤展开，它们之间的逻辑关系就是流程式。

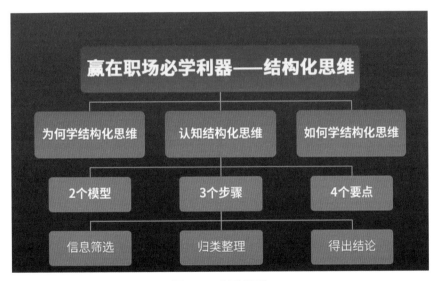

图 7-20　小测试图片

至此，大家应该对内容上的逻辑关系有了更清晰的认知。总而言之，你的PPT无论是哪个层级的内容，一定有某种逻辑关系。接下来讲内容加工提炼的四大要诀。

第08课 内容加工提炼要诀：提概念

通过前面内容的学习，从结构到内容，再到逻辑，相信大家已经在内容梳理上有了重新认知，但是可能已会发现此时虽然有了结构、有了逻辑，但文字内容其实还需要润色，也就是要进行提炼加工。

一般在PPT中是不应该出现大段文字的，否则会影响信息传达，同时还有另一种情况，就是内容并不是自己从0到1完成的，而是拿到领导或者同事给你的Word文档，该怎么做呢？

从本节课开始，就进入内容篇的最后一个阶段，即内容加工。内容加工，简单来说就是将内容信息化繁为简，可以让信息高度浓缩、利于记忆、便于传播。当然做过加工的内容，在视觉表现形式上也会更加美观。

8.1 不需要提炼加工的情况

在明确内容加工的定义和价值后，先澄清一下并不是所有的内容都需要加工提炼，有4种情况可以出现大段的文字。

◎ 01 定义概念

第一个是在讲一些定义和概念时，比如要给大家普及什么是人工智能，可能先从它的定义讲起，这时关于它的定义就可以清晰、准确地呈现出来。

◎ 02 政策法规

第二个是在讲一些政策法规时，通常政策法规是不可以随便乱改，具体的场景就好比我们在给企业的员工宣贯一些政策或者精神时，这是一个字都不能改的，尤其是列举一些法律条款说明，一个字都不能动，是零容错率的。

◎ 03 不重要的要点

第三个是一些不重要的内容，比如有些时候想给听众一些书籍推荐，或者一些工具清单，这个时候其实不需要过多去讲解阅读，大家只需要拿出手机拍张照片，或者这一页作为一个附件资料给到听众即可，所以对于这种不重要的内容，是可以大段文字出现在PPT上面的。

◎ 04 活动说明

第四种情况是在讲活动说明时，比如在培训现场，需要学员按照这个要求来参与活动，此时可以把具体的活动要求呈现在PPT上面，大家就会非常清楚接下来要干什么样的事情。

8.2 内容加工的三大级别

接下来回到主题，我们先来做一个小测试，内容加工有三大阶段，看看自己属于哪个阶段。

菜鸟级：在PPT上面总是罗列大量的文字信息，就像Word搬家，有什么内容就放什么内容。

高手级：会概念化的表达，就是会先掏关键词，再对关键词进行解释，然后论证示范。

大师级：如果你会建模，就可以被称为大师了，就好比马斯洛的需求层次模型、戴明的PDCA质量管理、波特的五力模型等，就是你在某一个领域有自己的建树，并能够把它形成一种方法论，可以传播复制。

为了让读者更明白高手和菜鸟的区别，下面用如何讲解品尝灌汤包来举例。

菜鸟会怎么讲呢？

我来示范一下：大家好！我给大家分享一个主题，是关于如何吃上海小笼灌汤包的，不知道各位有没有吃过，怎么吃呢？千万不要用筷子去捅，因为灌汤包里面的汤非常有营养，是用特殊材料制作而成的，这么一捅就浪费了精美的汤汁。正确的吃法是，用筷子去夹，夹上面有褶的地方，有的地方也叫揪，然后往上面提，注意提的时候不要用力过猛，得夹紧了，轻轻地抖一下，轻轻地提，注意提起来之后怎么吃呢？是凑过去吃还是移过来吃呢？如果你学过礼仪，应该就知道要移过来吃，这样比较优雅，为了防止掉落，移的时候可以拿一个小碟或者一个汤勺，慢慢地移过来，一边移，还可以一边观其形、闻其味，到嘴边之后怎么吃呢？千万不要一口甩进嘴里面，因为里面的汤温度很高，一口咬下去就像火山爆炸一样，嘴烫的一堆泡。而是到嘴边先开一个小口散一散热气吹一吹，差不多就可以吃了，吃的时候要注意千万不要大口去咬，因为一咬这个汤汁就飚出来了，弄得一身脏，而要对着这个小口轻轻地嘬一口，把这个汤吸进去，到胃里面后味道就非常鲜美，喝完这个汤汁以后就可以配上醋、大蒜、辣椒，把这个灌汤包吃下去，这就是吃灌汤包的注意事项。

注意：刚才这段表述，其实就是菜鸟的表述方式，传递的是大段的文字表述，其最大的问题就是不容易储存在大脑里面，听众也记不住。

高手会怎么讲呢？

我来示范一下：接下来是著名米其林三星大厨皮皮鹏研究的灌汤包吃法四大步骤，第一步轻提，第二步慢移，第三步开窗，第四步喝汤。第一步轻提指的是，用筷子夹住灌汤包的褶，也叫揪，轻轻地抖，轻轻地提，接下来给大家做一个示范，请注意看，第二步慢移……。

可以看到高手的表达也有大段表述，但是在原来大段表述的基础上多了两件事，第一，有了逻辑，第一步、第二步、第三步、第四步，用的是流程式；第二，把每个步骤的内容提取出来了关键动作，分别用了轻提、慢移、开窗、喝汤进行了高度浓缩。大家一定要注意，高手会概念化地表达，他会先提炼关键词，再对关键词进行解释论证示范。

PPT中内容加工的第一个技术，我们称其为提概念。

提概念的好处：高度浓缩便于记忆。

8.3 如何提概念

提概念只需要注意两件事情。

第一，字数有多少。

如图8-1所示，有一个字的，有两个字的，有三个字的，有四个字的，还有五个字的。

图 8-1　图片展示

由此可以看出提概念的字数最好控制在7个字以内。

第二，在同一个标题下，如果是由若干概念组成的，建议这个概念的数字保持相同，这样容易记住。

做PPT的时候也会有形式的美感，所以提概念要抓住两个点，第一，字数控制在7个字内；第二，同一个标题下的概念尽量保持字数相同。

这就是高手级提概念。

第09课 内容加工提炼要诀：流程法

流程法是一种将复杂内容按照一定的逻辑顺序进行整理的方法。通过将内容按照流程拆分，可以更好地理解信息的内在联系，把握重点，并对其进行有效的提炼。

流程法的实施步骤如下。

1. 确定主题：首先明确需要提炼的主题或内容范围，确保提炼的目标明确。

2. 梳理框架：根据主题，构建内容的逻辑框架，明确信息的组织结构。

3. 筛选信息：根据框架筛选相关信息，剔除无关内容，确保提炼出的内容精炼、准确。

4. 整合信息：将筛选后的信息按照框架进行整合，形成完整的提炼成果。

5. 优化表达：对提炼成果进行语言润色，确保内容易于理解，表达清晰。

什么是建模型？简单来说就是把成功的经验进行梳理，研究背后的逻辑关系，最后形成方法论，并可以用图示的形式进行表达。

建模型的组成：图形+逻辑+行为指导+命名。

以马斯洛需求层次模型为例，如图9-1所示，可以看到最后形成的图形是三角形，其逻辑是一种递进关系，自下往上，从生理需求到自我实现，这个行为指导指的是用于激励，可以理解为这个模型主要用来解决什么问题，最后需要有个名字，以便复制和传播。

图9-1 马斯洛需求层次模型展示

马斯洛需求层次模型其实用的就是著名心理学家马斯洛本人自己的名字命名的。

这里需要强调一点，一般工作中绝大部分的普通人是不会选择自己的名字来命名的，很多经典的模型是因为创立者在自己的领域里面是大师，又或者是他的贡献很大，为了纪念他。PPT中一般根据内容的关键信息来构建模型的名字，只要能方便记忆并且复制传播即可。

有流程关系的就可以用工作流程法来构建模型。

应用场景：主要应用场景是工作中需要按照固定的顺序来展开的行为。

制作方法：内容描述采用动宾结构，文字内容尽可能工整，用数字命名，最后形成一个顺序式图示。

为什么要用数字命名？人的大脑很奇怪，用某某几步法来说时很容易记住，大脑会印象深刻，如果只是说沟通的流程，就不容易记住。接下来看一个示范，如图9-2所示，校园招聘七步法，采用的是数字命名，可以看到一共有7个步骤，"发布信息"中的"发布"是动词，"信息"是宾语，是动宾结构；"安排笔试"中的"安排"是动词，"笔试"是宾语，也是动宾结构，并且都是4个字，非常工整，这样就容易记忆。

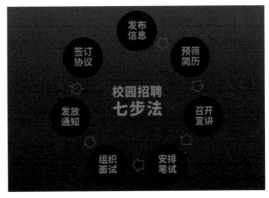

图9-2 流程法案例

这就是工作流程法，如果标题下面的内容有流程式逻辑关系，就可以构建一张流程式的模型图。这种模型在工作中很多的情景都存在，大量的工作内容都会涉及流程。

关于这种图形是怎么做的，这里给大家分享3个资源。

◎ 01 Smart Art

第一个是PPT自带的Smart Art，在WPS里称为智能图形。使用Smart Art时要注意操作流程，最好先把每一步的流程名称罗列出来，再选择对应的图示，这样效率会比较高。

举例：用流程图来表达教学设计技术中的勾、讲、练、化这4个环节。

首先插入文本，如图9-3所示，每输入一个字之后都要按Enter键，确保每个字都在不同的段落。

然后单击文本框，当文本框中出现一闪一闪的竖线时，如图9-4所示，右击，选择转换为Smart Art。

 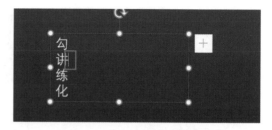

图 9-3　插入文本　　　　　　　图 9-4　单击文本框出现竖线

打开之后选择打开其他Smart Art图形，如图9-5所示。

打开之后，就可以选择需要的流程图了，如图9-6所示。

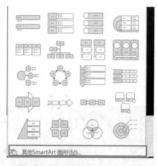 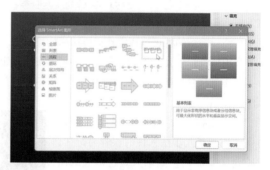

图 9-5　其他 Smart Art 图形　　　　图 9-6　选择流程图

◎ 02 ISlide

使用这个工具时需要先安装一下插件，安装文件已经放在软件包中，直接安装即可。当然，也可以自己在ISlide的官网下载适合自己计算机系统的版本。

安装完毕后，在菜单栏中就可以找到，如图9-7所示。

在ISlide的图示库里，就可以找到自己需要的图示，如果没有会员，搜索免费即可，如图9-8所示。

图 9-7　ISlide 插件　　　　　　　图 9-8　图示库

◎ 03 **素材**

本书为大家准备了一套工作中常用的图示，只要更换里面的内容信息即可。

内容加工提炼要诀：要素法

内容加工提炼要诀——要素法的实施步骤如下。

（1）理解与组织信息：在开始加工提炼之前，首先需要对原始信息进行理解和组织。理解信息的含义，并判断哪些信息是有价值的，哪些信息可能对后续处理无用。

（2）识别关键要素：关键要素是文章中的重要信息点，如事件、人物、时间等。这些要素对于理解文章内容和把握主要观点至关重要。在提炼过程中，要特别注意这些要素的筛选和整理。

（3）提炼要点：要点是文章中的重要信息或观点，通常需要对其进行概括和总结。在提炼过程中，要尽量精简语言，同时保留原文的核心信息或观点。

（4）结构化呈现：为了使提炼的内容更加清晰易懂，需要采用适当的结构或格式进行呈现。例如，可以采用列表、表格、流程图等形式，使信息之间的关系更加可视化。

（5）审查与核实：这是最后一步。在这一步中，需要对提炼的内容进行仔细检查，确保信息的准确性和完整性。如果有任何疑问或不确定的地方，需要进一步核实和确认。

通过以上步骤，可以有效地对文章进行加工提炼，获取有用的信息和观点，为后续的学习或工作提供帮助。同时，不断实践和练习可以提高我们在这方面的能力。

要素法是指人们常说的一种并列关系。

应用场景：几个要点之间为并列关系，完成某一件事需要这些关键要素组成。

制作方法：将完成一件事的关键要素进行提炼，用更加形象生动的表述来展现每个关键要素。

要素法的构建方法有两个：英文组合和数字组合。

※ 英文组合

接下来我们具体看看英文组合都有什么方法。

◎ 01 数字+字母

如图10-1所示，这是非常经典的营销4P：价格、渠道、宣传、产品，而对应的这4个英文单词的首字母刚好都是P，这就形成了营销4P的来源。

◎ 02 组合新单词

如图10-2所示，这是一个制定工作目标的经典模型，在工作中，大家都可以按照这种方式来制定工作目标，分别从5个关键点来展开说明。

目标必须是具体的、可衡量的、可达到的，且与工作相关联、有时间期限，而对应的这5个英文单词的首字母连在一起，刚好组成了一个新的单词SMART，SMART又是聪明的意思。

图 10-1　营销 4P

图 10-2　组合新单词

◎ 03 强行组合

如图10-3所示，强行组合就是指字母之间没有关联，但这几个要素又是关键要素，那就只能强行组合。强行组合的经典模型有很多，比如销售FABE法则，可以用来帮助销售的方法论，先讲产品的特点，再讲产品优点，然后讲产品的利益点，最后用案例来佐证。这4个字母FABE就很容易说清楚一套销售方法。

接下来进行一个测试，大家看看能不能准确判断出这是一个什么组合类型，如图10-4所示。

图 10-3　强行组合

图 10-4　测试

这个就是强行组合，其实只要能自圆其说，能够方便大家传播记忆，就是合理的。

※ 数字组合

数字组合也是工作中非常常见的一种建模方法。

◎ 01 数字比例

如图10-5所示，这是沟通技巧中经典的73855定律，它是指在沟通说话过程中，这种说话的内容效果的比例只占百分之七，而语音语调能够影响百分之三十八，身体语言可以影响到百分之五十五，用这种数字来表示一种规律。

◎ 02 数字概括

如图10-6所示，是数字概括法，在制作一些国企的演讲汇报PPT中是特别常见的，比如二十大提出的"三会一课"，还有我们小时候学习的"五讲四美"，以及学习用"五位一体"的全维度学习方法等。

图 10-5 73855 定律

图 10-6 数字概括法

如果你的要点有多个，也可以用这种数字概括的方法来表示，既简单又好记。

接下来再做一个测试，如图10-7所示，大家看看这个标题是一个什么组合。

图 10-7 测试

人才筛选三个一工程，即"吃一顿，住一回，玩一把"，这个就是数字概括法。

第11课 内容加工提炼要诀：矩阵法

矩阵法通过构建二维表格，将多维度、复杂的信息进行归类、关联和整合，以便更清晰地揭示信息的内在联系和逻辑关系。在内容加工提炼中，矩阵法能够系统地梳理信息，提炼关键点，提升人们的认知效率和思维深度。

矩阵法的实施步骤如下。

（1）确定主题和目标：首先明确提炼的主题和目标，确保矩阵内容与需求紧密相关。

（2）收集信息：全面收集与主题相关的信息，包括数据、观点、事实等。

（3）构建矩阵：根据信息的特性和需求，设计合适的矩阵框架。矩阵的行和列可以是不同的分类标准，如时间、地点、人物等。

（4）填充数据：将收集的信息归类填入矩阵中，注意信息的完整性和准确性。

（5）提炼总结：对矩阵中的信息进行分析、比较和提炼，形成简洁明了的结论。

（6）评估反馈：对提炼结果进行评估和反馈，不断完善和优化矩阵法在内容加工提炼中的应用。

矩阵法作为一种结构化的内容提炼方法，通过构建二维表格对信息进行归类、关联和整合，有助于我们更高效地梳理、整合和提炼信息。通过不断实践和应用矩阵法，可以提升个人的认知效率和思维深度，为工作和学习带来更多创新和价值。

矩阵法也称二分矩阵法。

应用场景：研究多个对象时，需要进行分类，这样容易记忆传播。在一些自我管理和企业管理中会经常用到这种矩阵法。

制作方法：找到正反两个衡量该对象的重要维度后，形成4个象限进行分类。

如图11-1所示，这是时间管理课程中用得最多的，称为艾森豪威尔的四象限法则，就是每天有很多事要处理，那么怎么分类呢？不重要、重要一根线，紧急、不紧急一根线，对于重要、紧急的事情，立刻去做，重要、不紧急的事情可以授权，紧急、不重要的事情可以稍后做，不重要又不紧急的事情就不做，这就是矩阵法。

也就是说在做汇报或者培训时，如果在某一个标题下面的内容有矩阵式逻辑关系，就可以构建矩阵式模型。可以利用PPT中的Smart Art来完成矩阵的制作。

如图11-2所示，接下来挑战一下矩阵中可以填写的内容。

好比在一个企业中，对于销售人员的管理措施，积极努力、消极怠慢一条线，业绩好、业绩差一条线，刚好他们是正反两个衡量标准，接下来就可以根据每个象限的情况做分析了。

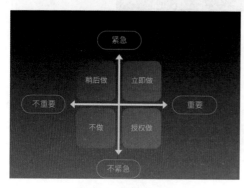

图 11-1　四象限法则

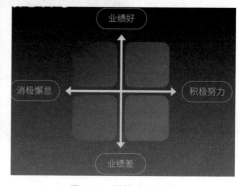

图 11-2　挑战填写内容

比如，对于一个业绩好又很努力的销售人员，我们就重用，对业绩不好但非常努力的，我们就会培养，对业绩好但消极怠慢的，我们就需要施压，对业绩不好态度也不好的，我们就需要辞退。

可以看到，这样的矩阵模型就为一件事务中多种情况提供判断依据。

第3篇

页面设计篇

3

从这部分内容开始，正式进入与视觉审美相关的内容。

在设计PPT页面时，需要注意以下几个要点。

（1）确定主题和目标：在开始设计PPT页面之前，要明确主题和目标，以便于设计出符合需求的页面。

（2）简洁明了：PPT页面设计应该简洁明了，不要过于复杂或混乱。尽量使用简洁的文字和图像，避免过多的装饰和复杂的布局。

（3）突出重点：在PPT页面中，要突出重点内容，使用粗体、斜体或下画线等方式来强调重要的文字。同时，可以使用不同的颜色或大小来区分不同的信息。

（4）统一风格：整个PPT的风格应该统一，包括字体、颜色、布局等，有助于提高PPT的整体美观度和专业度。

（5）图文并茂：在PPT页面中，可以适当地使用图像和图表来辅助说明文字内容，有助于增强观众的理解和记忆。

（6）排版美观：PPT页面的排版应该美观、整齐，可以使用对齐、分段等方式来使页面更加整洁。同时，要注意行间距、字间距等细节问题。

（7）适应观众：在设计PPT页面时，要考虑观众的背景和需求。尽量使用通俗易懂的语言和图像，避免使用过于专业或复杂的术语和图表。

（8）测试和反馈：在完成PPT页面设计后，应该进行测试和反馈，检查是否存在错别字、格式问题、布局不合理等问题，并及时进行调整和完善。

第 **12** 课　如何做封面设计

设计PPT封面时，需要注意以下几点。

（1）主题明确：封面应直接反映PPT的主题。如果主题是关于公司的新产品发布，那么封面上就应该有新产品的图片或者相关元素。

（2）简洁清晰：封面的设计应简洁，避免过于复杂的设计。太多的元素可能会分散观众的注意力。保持设计的清晰和简洁可以使主题更加突出。

（3）色彩搭配：色彩的选择也非常重要。颜色应与主题相协调，并能够吸引观众的注意力。同时，颜色不应过于刺眼或暗淡，以免影响观众的观看体验。

（4）标题和文字：封面上的标题和文字应清晰、易读。标题应简短明了，能够准确反映PPT的主题。文字部分应足够大，以便在观众离屏幕较远时也能看清。

（5）布局合理：封面的布局应合理，确保所有元素都在适当的位置，没有重叠或混乱的感觉。一般来说，标题应放在封面的顶部，而公司的标志和主题应放在中部或底部。

（6）使用高质量的图片和图形：图片和图形的使用可以使封面更具吸引力。尽量使用高质量的图片和图形，如果有必要，可以使用专业的图形设计软件来创建图形。

（7）避免过于个人化的设计：尽管个人的设计风格可能会对封面产生影响，但封面的设计应尽可能避免过于个人化的风格。这样可以让更多人接受并理解封面传达的信息。

（8）一致性：在一系列的PPT中，封面设计的一致性是非常重要的。这有助于建立品牌的认知度和一致性，并使PPT看起来更加专业。

封面设计的要点如下。

首先请大家思考一下，封面设计的要点有哪些？即一个封面通常由哪些要素组成。如图12-1所示，这些都是帮企业设计的封面，也有很多全球顶级公司设计的封面。

图 12-1　封面展示

从这些封面中可以看出，封面设计至少包含3个要素：主题设计、视觉设计和布局设计。通过总结可以得知，从主题到视觉再到布局，其实就是设计制作封面的整个流程，从上到下，首先确定主题，然后匹配适合的图形图像素材，最后再根据素材和主题来进行布局。至此，读者应该对封面设计有一个框架的概念了，下面讲解具体怎么操作，并逐个介绍设计要点，让大家即学即用。

12.1 主题

主题是封面上最显眼的信息，主题的设计可以从以下几个方面入手。

◎ 01 主副标题搭配

一个合格的封面主题，通常是由主副标题结合而成的，如图12-2所示，这些主题都是主副标题结合的形式。

通过图片展示的主副标题结合，可以看出主标题一般比较虚，通常引用一些比喻、对偶、衬托、对比等修辞手法，这样的标题显得更生动，具有动感，不呆板、不枯燥，可以给人一种遐想的空间。副标题往往比较注重实，主要以直接叙事为主，用来补充说明。一个吸引人的主题，是这个封面设计成功的一半。

确定标题之后，接下来进行字体的选择，不同行业的PPT存在着差异化，也就是俗称的风格。

◎ 02 字体的选择

字体的选择需要大家记住：字体设计很复杂，安全匹配是基础，所以匹配是首当其冲。

先来看一看最常见这两种字体：有衬线、无衬线，如图12-3所示。

图 12-2　主副标题结合展示

图 12-3　字体展示

衬线字体：如图12-4所示，可以看到不管是汉字还是英文字母，凡是转角或者结尾的地方，都有明显的额外装饰，粗细不同。

接下来给大家推荐两个常用的衬线字体，一个中文，一个英文：中文的字体为思源宋体，英文的字体为TIMES NEW ROMAN。思源宋体需要自己去安装，字体文件已经放在了素材库。

注意：安装时需要把办公软件都关掉。英文的字体是微软自带的，可以直接使用。

衬线字体主要用在杂志封面上，无论是汉字还是字母，如图12-5所示，衬线字的特点已经写在图片上了，同时可以看出它非常适合用在一些偏时尚、优雅和学术这种主题的PPT封面。

注意：由于衬线字体的结构比较复杂，PPT里太小的文字不太适合大量使用，一般用在一些比较显眼的标题或者重要的短句上。

图 12-4　有衬线字体

图 12-5　有衬线字体的特点

接下来再看几个案例。如图12-6所示，这个封面用一个比较偏时尚风格的内容，可以看出衬线字体（无论是汉字还是字母），都非常搭配。

如图12-7所示，这是一个介绍下午茶的封面，这种字体看起来比较优雅，衬线字体的匹配度也非常高、非常耐看。

图 12-6　案例封面 1

图 12-7　案例封面 2

如图12-8所示，这种是学术类的封面，是一个培训课件，衬线字体会给人一种非常专业、可信赖的感受。

无衬线字体：如图12-9所示，用红线标注的地方，没有过多装饰，无论是汉字还是字母，从头到脚都是齐平的，从第一笔到最后一笔，都是一样粗细。

图 12-8　案例封面 3

图 12-9　无衬线字体

同样，也推荐中英文两个无衬线的字体。

中文的字体为思源黑体，安装方法和前面讲的思源宋体一样。英文的字体有两个推荐：Arial & Calibri。Arial字体更加硬朗大气，Calibri字体更加圆润柔和，这两个字体都是微软自带的，不需要额外安装。

无衬线字体"轻松、易读、设计"的特点如图12-10所示。

轻松：因为画笔简单流畅，给人一种放松的感觉。

易读：这个字体无论大小几乎都可以用。设计：大量设计类的作品都会用到无衬线字体，尤其是标题会非常醒目，如果大家留意身边的交通导视牌或者商店的门头招牌，几乎用的都是无衬线字体。

无衬线字体在PPT的各种类型上可以通用。所以当不确定应该使用哪种字体时，可以直接选择无衬线字体。

接下来看一看第三种字体：书法体。

书法体如图12-11所示。可以发现越来越多的大型发布会，尤其是一些党政风格的PPT，都会用到书法体。书法体可以彰显大气，充满文化和动感。

接下来推荐两种可以免费商用的书法字体：云峰飞云体、演示夏行楷。书法体确实从视觉冲击力上更有特点，但对于我们真正有挑战的，不是在选择什么类型书法上面，而是怎样摆放才好看。

图 12-10　无衬线字体
的特点

图 12-11　书法体

◎ 03 三种书法体的摆放方法

第一种：波浪形，其特点是一上一下一大一小，如图12-12所示。

第二种：外扩型，这是典型的大型会议和重要场合的标题样式，特点是中间小，两端大，如图12-13所示。从视觉上给人更加宽广的感受。

图 12-12　波浪形　　　　　　　　　　　图 12-13　外扩型

第三种：交错型，其特点是上下交错，左右补空，如图12-14所示。一般就是两行文字上下的这种交错，然后可以用一些英文在空白处装饰。这样的摆放可以提升画面感和设计感。

图 12-14　交错型

注意：书法体一般字间距都比较大，为了灵活地控制大小和位置，可以采用一个文本框一个字的方法。

◎ 04　文字的加工

字体选择好以后，就可以开始对字体进行加工了。

字体加工的首要原则：字体加工不复杂，文字突出是关键。

标题字号的大小：如图12-15所示，封面标题字号的大小可以直接参考这张图，从44号到72号，调整字体大小时，可以根据字数的多少灵活调整，字数少就可以适当扩大，字数多就可以适当缩小，但基本在这个范围内。

图12-15　字号大小

注意：当封面设计完成后，可以把封面图放到手机中，然后把手伸直拿着手机，看看能不能一眼就看到这个标题，如果可以就是对的；如果看不清楚，则说明字号太小，这是一个比较直观的感受。

字体颜色：对于字体颜色来说，颜色不是重点，突出对比才是关键。

如图12-16所示，从3张封面图可以看出，深色的底就用浅色和更亮的文字，反过来，浅色的底就用深色的字，目的就是为了突出对比。

图12-16　字体颜色实例

如图12-17所示，挑战一下，快速找出文字对比不合格的封面。

图12-17　挑战图片展示

很显然第一个是不合格的，因为浅色的底还用的是浅色的字，后排观众根本看不清。字体颜色处理好后，还有最后一步，就是字体的样式。

样式：样式就是给文字纹理，图12-18所示为处理前的文字，图12-19所示为处理后的文字。

在很多党政风格的PPT中，都能看到这种纹理的字。

样式的使用方法：其实就是文字加上纹理，如图12-20所示，右边的这张图称为纹理图。给大家推荐一个可以快速找到纹理图的素材网站：花瓣网。在素材网站找到并复制素材，然后粘贴到PPT中。首先将素材置于底层，也就是放在文字的下方，如图12-21所示。

图 12-18　文字处理前　　　　图 12-19　文字处理后

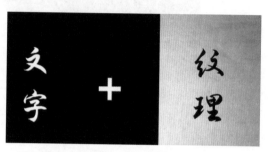 

图 12-20　纹理图　　　　　　图 12-21　将纹理图置于文字下方

然后依次选中图片和文字，在PPT中选择"形状格式/合并形状/相交"命令，就可以得到金箔纹理的效果了，如图12-22所示。

如果觉得金箔纹理的位置还需要调整，可以再次选中文字，此时可以看到这个文字已经不是文字了，它已经通过合并形状变成了一张图片，所以也没法编辑内容，但可以修改图片。选中文字，在"图片格式"中单击"裁剪"按钮，可以再次调整这张金箔的大小和位置，运用这个方法，一直调整到自己满意为止，如图12-23所示。

 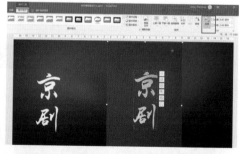

图 12-22　制作完成的效果　　　　图 12-23　裁剪工具

想要文字有质感，就要学会文字和纹理的结合。接下来学习第二个重要的板块——视觉。

12.2　视觉

关于封面的视觉，有以下4个方法需要大家注意。大家可以简单理解为，封面上除了文字之外看到的图形图像，需要记住3个关键的要点。

第一，图文要匹配，也就是图片要传达的信息一定是与主题相符合的。

第二，文大于图，一般情况下，不要让图像信息盖过主题的文字。

第三，滤镜效果，不要让图片影响文字信息的传达，因为有图片就会干扰到文字内容，可以使用滤镜功能，让图文更好地融合。

◎ 01 图文匹配

图文匹配的核心就是素材，用来传达主题价值情绪，如图12-24所示。

图 12-24　挑战图片展示

答案是03，但是01和02好像也可以用，所以大家需要记住，山川大海最通用，快速传达是关键。所以，在不知道选择什么样素材的情况下，山川大海其实是万能的，这里提醒大家注意：在寻找图片素材时，关键词非常重要，而这个关键词就是主题想要表达的情绪。

无论是封面，还是将来的内容页，或者说在一些重要的强调页、总结页上面，主题要表达的情绪就是关键词。

◎ 02 文大于图

文大于图其实很好理解，在封面上一眼看上去，主题一定要非常清晰，就像图12-26的封面主题一样，在技术上如何实现呢？接下来就是本课最重要的地方——滤镜。

◎ 03 滤镜

如图12-25所示，这是没有加过滤镜的画面，主题似乎还不够突出，好像和图片融到一起了。加上滤镜后，主题明显变得更突出了，如图12-26所示。

图 12-25　没加滤镜前

图 12-26　添加滤镜后

如图12-27所示，文字几乎被深色的地方覆盖了，没办法识别。加上滤镜后，就变得一目了然了，如图12-28所示。

图 12-27　没加滤镜前

图 12-28　添加滤镜后

如图12-29所示，文字在画面中间，已经被图片干扰了。加上滤镜后，主题瞬间更突出了，如图12-30所示。

图 12-29　没加滤镜前

图 12-30　添加滤镜后

由此可以看出，滤镜的作用真的很大。下面学习如何添加滤镜。单色滤镜非常简单，就是一种颜色，并且为这个颜色设置了透明度。如图12-31所示，打开准备好的素材文件，很明显，这个文字被图片所影响。即使把文字修改为深色也还是会有影响，如图12-32所示。

图 12-31　素材图片

图 12-32　文字改深色

此时可以使用滤镜，只需要3步。

第一步，打开"插入"菜单里的形状，创建矩形，将边框设为无轮廓。

第二步，在右键快捷菜单中打开设置形状格式，找到颜色，利用取色器吸取Logo的颜色。

第三步，调整透明度，只要文字清楚呈现即可。

滤镜是一个非常重要的实操技能，一定要多加练习。

◎ 04　布局

布局就是封面上文字和图片之间的排布。主题居中会显得更大气。

如图12-33所示，城市主题居中，非常大气。如图12-34所示，敦煌选择使用了英文，放在中间，效果非常大气。

图 12-33　主题居中案例 1

图 12-34　主题居中案例 2

左右对齐的布局方式更有利于图文的结合。

如图12-35所示，文字靠左，右边是图片。如图12-36所示，文字靠右，也很高级。

图 12-35　左右对齐案例 1

图 12-36　左右对齐案例 2

这些封面的版式大家完全可以直接使用。最后带领大家来完成一个封面制作的全流程，巩固本课所学的知识和技能，如图12-37所示。

图 12-37　封面设计素材要求

可以看到，标题已经提供给我们了，拨动指针是主题，推动多元文化提案是副标题。需要注意的是Logo，最重要的提示可能就是颜色参考，这个Logo是由灰色和红色组成的，这可能是封面色彩方向的一个参考，旁边的英文提示是选用，可以拿来做装饰。先把文字复制到一张新建的页面上，颜色统一为黑色，如图12-38所示。

主题是和文化相关的，字体的选择，有衬线、无衬线、书法体都可以选择，为了让视觉更有张力，这里选择书法体，如图12-39所示。

图 12-38 复制文字并统一颜色

图 12-39 调整文字

主标题由于只有4个字，因此选择了一大一小的排列方式。文字调整好后，就要开始搜索素材了。搜索之前需要分析一下主题，很明显是推动多元文化提案，这次PPT的主要内容又是HR部门的，可以找一些与团队文化有关的素材图片。

图像视觉完成后，把文字的颜色位置调整好，这样PPT的封面就设计完成了，如图12-40所示。

图 12-40 设计完毕后的 PPT 封面

第13课 封面影片化处理

第12课学习了封面设计的通用方法，本节课讲解影片化处理封面的方法，打破常规，让你的作品脱颖而出。如图13-1所示，这个幻灯片是可以放映的，即影片化开场，目的是让封面把听众的情绪点燃。这种呈现方式不只是用在发布会上，日常的商务、教学类PPT早已经比较普及了，视频时代的到来颠覆了人们固有的概念。通过本节课的学习，大家都可以做出宣传片级别的封面。

影片化开场的组成要素：视频、动画、音效。

影片化开场的制作方法：5DS封面设计法。

图13-2所示为5DS封面设计法的流程，按照这个流程，可以轻松制作出案例的大片效果。

图 13-1　PPT 放映过程

图 13-2　5DS 封面设计法流程

这5个流程，从字面上可能不太好理解。接下来对这5个流程进行拆解，用一个完整的案例，让大家学会并且应用。案例效果如图13-3～图13-6所示。

图 13-3　案例效果过程 1

图 13-4　案例效果过程 2

51

图 13-5　案例效果过程 3

图 13-6　案例效果过程 4

这是为MET YOGA个性瑜伽馆设计的封面页，从与主题匹配的视频素材开始，最后停留在这朵紫莲花的画面，再配上舒缓、流水的音效，使整个氛围和调性都得到了更大的提升。接下来具体讲解这个案例的制作过程。

如图13-7所示，首先打开准备好的文字内容。这里面的主题就是品牌名字，副标题就是个性瑜伽修心灵栖息之地。

第一步：确定最终停留画面。

5DS的第一步就是确定最终停留画面，意思是无论前面的视频多么炫酷，最终画面是要停下来的，而停下来的画面是最重要的。参照前面讲解的内容，首先把文字选好，主标题选择有衬线字体——思源宋体，这样可以和瑜伽这种比较优雅时尚的主题搭配。装饰性的字体由于字号不需要太大，主要作为一种辅助装饰，选择无衬线字体——思源黑体，然后选择一个比较细的样式，如图13-8所示，这样文字就准备好了。

图 13-7　打开文字内容

图 13-8　字体选择

接下来寻找图像素材，因为主题是明确的，所以直接在素材网站搜索瑜伽即可，考虑到封面是从人物视频进入的，所以在停留时就不要再用人物去强调了，可以用一张比较优雅、高级、简单的素材。找到后复制并粘贴到PPT里即可，如图13-9所示。

复制进来之后需要对素材进行调整，因为这个素材图片和完成之后的效果是

图 13-9　素材图

相反的，选中图片，在"图片格式"中找到"旋转"按钮，然后单击水平翻转。翻转之后，图片的尺寸也需要调整，还是在"图片格式"中找到"裁剪"按钮，在裁剪中找到纵横比选择16:9。将图片平铺在幻灯片上，将图片置于底层，如图13-10所示。这样图片就设置完毕了。

素材设置完毕后，接下来选择左右布局方式，这样可以把素材的亮点更多地体现出来，文字统一放在左侧，先为文字设置对比明显的白色，因为素材是深色调的，再选中所有文字并左对齐。然后对文字大小布局进行调整，设置主题字号为60，副标题字号为24，字间距选择一个宽松的形式，装饰性文字可以设置得再小一些，显得精致高级，居中放在靠幻灯片页脚的高度，然后将装饰性的英文放在左上角，如图13-11所示。

图 13-10　平铺图片置于底层

图 13-11　文字位置及大小调整

布局设置完毕后，接下来对文字颜色进行修饰，让大家学会文字的渐变制作方法。

首先选中主题，打开"形状格式"面板，选择"文本"选项。打开之后，选中"渐变填充"单选按钮，找到渐变光圈，把多余的光圈删除，只保留左右两个光圈，如图13-12所示。

图 13-12　渐变填充

设置好以后，首先要确定一下颜色倾向，从素材图和Logo的颜色，基本可以确定是往黄色的方向来调整，然后单击左侧的光圈，利用颜色下面的取色器，吸取一下图片上比较亮的黄色，右侧的光圈使用取色器吸附一下图片上比较深一点的黄色，再设置一个45°角，如图13-13所示，这样文字就变得高级了很多。

图 13-13   文字颜色设置

同样，副标题和装饰性英文也用这种方法设置，这样这张封面的最后停留画面就设计完成了。

第二步：确定视频播放设置。

这一步，只需要找到适合的视频素材。打开mixkit网站，域名为http://mixkit.co，这是一个免费可商用的视频素材网站，如图13-14所示。

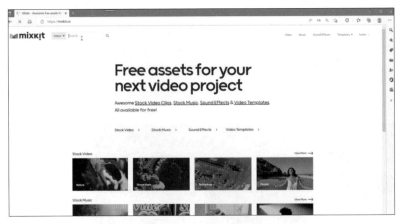

图 13-14   视频素材网站

进入后直接搜索瑜伽，可以看到很多瑜伽视频素材，找到需要的素材，单击进入，在视频上右击鼠标，在弹出的快捷菜单中选择"另存为"命令即可。

素材下载完毕后，回到PPT中，这里需要注意，千万不要直接把视频插入PPT中，万一视频文件太大，PPT可能无法运行。这里有一个重要的技巧，首先新建一个PPT，把下载好的视频插入进来，在"插入"菜单中找到媒体，单击视频进行插入。将两个视频插入一张幻灯片中，插入完毕后，单击左上角的"文件"菜单，打开信息面板，找到压缩媒体，选择全高清（1080p）。压缩完毕后，将处理好的两个视频放回做好的PPT中。放回之后，选中所有视频，在播放菜单栏中将两个视频都设置为自动播放。

第三步：确定视频消失动画。

确定视频消失动画其实就是给视频添加消失的动画。首先需要有自己的判断，希望每个视频播放几秒钟，比如：案例中的两个素材视频分别播放3秒钟，当然也可以根据自己的设计灵活控制，一般不建议视频的停留时间过长，因为停留页才是主题重点。

接下来找到"动画"菜单，打开"动画窗格"面板，可以看到其中就有刚才的视频动画，接下来逐个进行设置。首先选中瑜伽男（图13-4）视频，然后在"动画窗格"中将它的触发器删除。

第四步：确定停留画面动画。

这一步就是需要决定，一开始设计的停留画面是不是需要动画，建议为这个封面停留的状态设置一个简单的停留动效，这样不会显得太呆板。

首先将设置好的视频动画复制到停留画面的这一页PPT上。停留画面的动画没有一开始就做好，是因为把做好的视频动画放进来后，视频就会在它的后面发生，还需要逐个调整播放的顺序，所以需要注意，谁的动画在前，就先调谁。停留页的动画不需要太复杂，选中背景图片，为其添加一个放大缩小动画，设置在待机状态下面的镜头拉伸效果。添加完毕后，同样右键菜单设置从上一项开始，然后双击打开动画的设置面板，有5个地方需要调整。

第一，将尺寸修改为120%，然后按Enter键。

第二，选择"自动翻转"复选框。

第三，将时间设置为10秒，注意需要手动输入。

第四，将重复设为直到幻灯片末尾，也就是只要不切换这一页，就会一直有呼吸的动感。

第五步：确定设置音效。

音效并不是必须要设置的，有的场景可能不适合放声音。首先需要安装一个名为剪映的小程序，安装程序已经放在软件包里了。在桌面上单击打开剪映，然后单击创作即可。

这样关于影片化开场的封面就全部设置完毕了。具体操作过程可观看教学视频。

第14课 如何做目录页设计

本节课将学习如何进行目录页设计。

设计PPT的目录时，有以下几点注意事项。

（1）简洁明了：目录应该简洁且易于理解，不要有过多的文字或复杂的布局。每张幻灯片的文字都应该精简，只包含主要的点。

（2）结构清晰：目录的逻辑结构要清晰，让观众能够快速理解演讲的主题和章节。可以使用数字或字母顺序，或者根据内容的重要程度进行排序。

（3）突出关键信息：在目录中应突出显示关键信息，如标题、重点内容和转折点等。使用不同的字体大小、颜色或标记来区分不同级别的信息。

（4）风格统一：整个PPT的风格和设计元素应该保持一致，包括字体、颜色、布局和图像等。这有助于提高PPT的整体视觉效果和连贯性。

（5）适当使用图形和图标：在某些情况下，使用图形和图标可以更好地表达目录中的内容。图形和图标可以提供更直观的理解，使观众更容易记住关键信息。

（6）与内容匹配：目录的设计应该与PPT的内容相匹配。如果内容是专业的，目录应该体现出专业性；如果内容是活泼的，目录应该具有一定的活力。

（7）适应观众：设计目录时应考虑观众的需求和期望。根据观众的背景和兴趣，调整目录的内容和风格，以更好地吸引他们的注意力并满足他们的期望。

遵循这些注意事项，将有助于设计出清晰、专业且吸引人的PPT目录。

在开始讲解目录页设计前，先分享几个案例，看一看优秀的目录样式都有哪些元素，或者说有哪些组成部分，如图14-1～图14-7所示。

图 14-1　案例 1

图 14-2　案例 2

图 14-3　案例 3

图 14-4　案例 4

图 14-5　案例 5

图 14-6　案例 6

图 14-7　案例 7

看完上述7个案例后，可以发现一个目录通常有3个组成部分：文字内容、章节序号、图形图像。为了提升效率，这7个案例的源文件会给大家，可以直接替换里面的文字和素材。这几个类型用在工作中基本上已经足够了。接下来学习目录页设计的核心方法。

关于目录页设计的核心方法，通过规律总结出PPT目录应该遵循两个原则：易读性强和视觉延续。

◎ 01　易读性强

易读性强就是字面意思，即看一眼就能看出来目录大概有几个章节，有哪些内容，一定要明白一个宗旨，将信息快速有效地传递给听众，就是目录页的意义。

通俗来说：就是怎么容易看得清楚就怎么来。

具体的方法可以通过视觉对比、层级统一、习惯顺序3个方式来增强易读性。

视觉对比：对比的目的，首先不是好看，而是突出。

用颜色突出文字。为文字设置不同的颜色来强调对比，可以选择幻灯片所使用的主色调来强调。如图14-8所示，这一页右上角的Logo就是蓝色为主，所以目录页就提取了这个颜色来强调突出。

用色块突出文字。加色块来突出文字，如图14-9所示，色块的形状没有要求，本质是通过一个衬底颜色来突出文字，通常情况下，图块的颜色也是优先选择幻灯片的主色调，但需要注意的是，目录的文字颜色一定要注意对比性，如果色块的整体色调是偏暗的，那么文字就亮一点，反过来色块偏亮，文字就暗一点。

用图标引导文字。通过添加图标元素来强化视觉引导，目的是为了强化，但这种方法有一定的风险，尤其是在套用一些PPT模板时，原有的图标一般与你的内容并不匹配，所以需要找到对应的内容匹配的图标，否则宁可不用，也不要滥用。

层级统一：就是归属于同一个级别的内容，比如序号需要统一，比如目录的内容需要统一。如图14-10所示，在这张目录中，快速找出在同一层级上面不统一的内容。

图 14-8　颜色突出文字案例

图 14-9　色块突出文字案例

看完之后可以知道，这张目录页的问题是：文字大小不一样，字母的大小写不一样，序号的字号大小也不一样，如图14-11所示。

图 14-10　找同一层级中不统一的内容

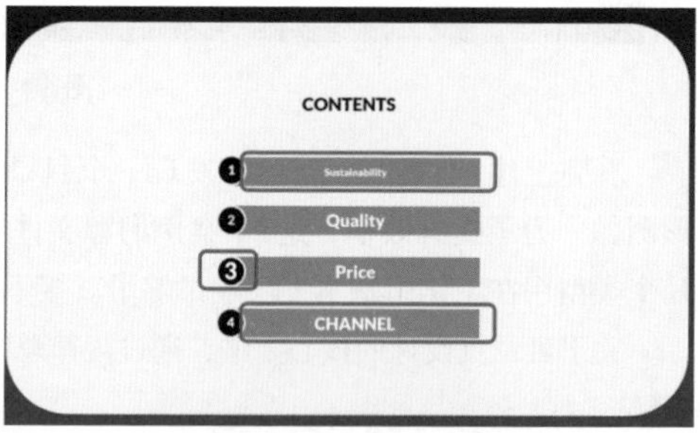

图 14-11　找出问题

看完错误的目录页后，仍然要强调统一的重要性，除非是有意刻意的设计，否则一定要确保它们的一致性。

习惯顺序：需要记住，幻灯片是给听众看的，不是给自己看的，遵循大多数人的阅读习惯是准则。如图14-12和图14-13所示，仔细观察可以发现，这两张目录页的顺序摆放是不同的，第一张是以列的阅读形式，第一列从1到4，第二列从5到7。第二张是以左右左右的阅读形式。

图 14-12　顺序案例展示 1

图 14-13　顺序案例展示 2

如图14-14和图14-15所示，同样的两种对比，第一张是横向的布局，第一行阅读完，再到第二行。第二张是上下上下错落的形式。

图 14-14　顺序案例展示 3

图 14-15　顺序案例展示 4

如图14-16所示，通过观察4个目录案例的阅读路径，可以得出结论：目录摆放顺序找最短路径。

图 14-16　阅读路径

审美虽然存在差异，但规律是可以总结的，所以在这4个案例中，A方案是优先推荐的。视觉对比、层级统一和习惯顺序这3个提升易读性的方法，是学习目录设计首当其冲的内容，在理解了易读性的方法后，再来看一下视觉延续。

◎ 02　视觉延续

关于视觉延续，先来看两个案例。图14-17所示为封面页，图14-18所示为目录页。

图 14-17　封面页 1

图 14-18　目录页 1

图14-19所示为封面页，图14-20所示为目录页。

图 14-19　封面页 2

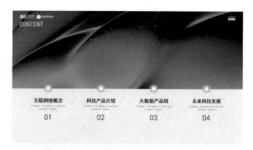

图 14-20　目录页 2

看完这两个案例可以明白：视觉延续是指，目录通常不会独立存在，而是需要前后衔接，通常只要延续封面页或者目录页前的设计元素。目录页前面这个页面的设计元素只要保持统一，适当地做些减法，根据目录的数量、文字的多少去合理排版布局，就可以实现视觉方面的需求。学习完方法后，下面进行一个案例的完整实操。

※ 案例实操

图 14-21 所示为打开的准备好的案例文件，可以看到目录信息、Logo 都在其中。图 14-22 所示为最终目录效果。具体操作过程可观看教学视频。

图 14-21　案例文件

图 14-22　参考最终文件

一般目录页的标题字号大小推荐为 28～32 号，内容的字号大小推荐为 15～24 号，根据序列的数量和字数的多少可以灵活调整。

PPT 目录页设计的过程主要包括 4 个环节：文字的处理、排版布局、强调设计、装饰。

 第**15**课 **目录页的布局设计**

上节课强调了目录页设计的两个核心原则：易读性强和视觉延续，本节课继续深入学习，特别是如何做目录页设计的布局。

在理解了易读性强和视觉延续后，提升目录页视觉设计效果的关键是页面的布局。

给大家分享4种非常实用的布局样式：左右布局、上下布局、全屏布局、切片布局。

如图15-1所示，首先切换到封面页。由于目录页不会独立存在，它是一个视觉延续，可以先找到主视觉的页面，如封面。

图 15-1　封面页

接下来再去看目录页的设计，如图15-2所示，是一个非常典型的左右布局。图15-3所示为上下布局的目录页。

图 15-2　左右布局目录页

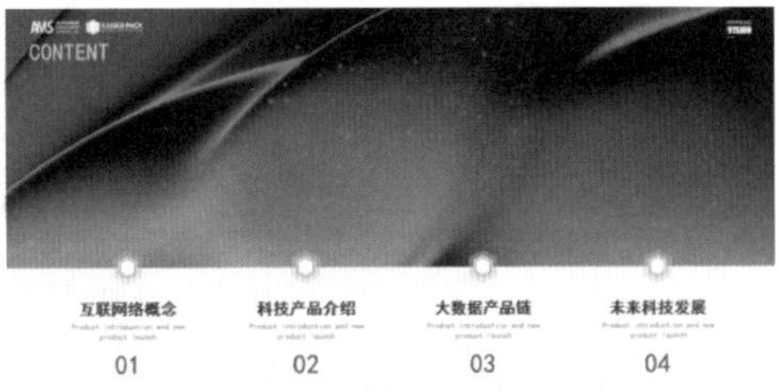

图 15-3　上下布局目录页

图15-4所示为全屏布局的目录页，可以理解为背景是一张完整的素材去填充，或者说是一个完整的视觉元素，如渐变色。图15-5所示为切片布局的目录页，切片式可以根据自己目录的数量去切。

图 15-4　全屏布局目录页

图 15-5　切片布局目录页

前面已经讲解过左右构图的操作方法，上下构图只是换了一种方向，这里不再过多重复。全屏构图的核心就是用滤镜来融合文字素材，在封面设计中也重点讲过。

所以从操作的层面，重点讲解切片布局。看到这种切片式的设计方案，所呈现出来的画面特质就是每一个目录背后，跟着与目录相关的主题画面，不仅可以增强内容的指导性，也能提升画面的高级感。

切片式布局的使用：需要有非常贴切的素材。

切片式布局的具体操作。回到参考案例中，如图15-6所示，可以看到从左到右是均等的4张图，同时对应4个目录。切片式布局的要点就是如何精准地把4张图片放好。

图 15-6　参考案例

占位符：如图15-7所示，可以看到页面上面有4格框架，这个框的名称为占位符。

占位符的使用方法：把光标移动到框的上面，可以看到提示"图片"，如图15-8所示，意思就是可以直接添加图片到这里。

图 15-7　占位符

图 15-8　插入图片提示

单击"加载"按钮，任意选择一张图片，如图15-9所示，这样图片就插入进来了。

如果插入后图片的位置不满意，还可以利用图片裁剪微调一下它的位置和大小，比例基本上不用调，如图15-10所示。

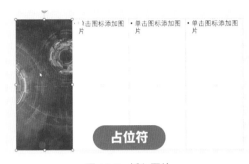

图 15-9　插入图片

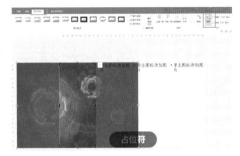

图 15-10　裁剪图片并调整位置

除了一次添加一张图片，还可以一次添加多张图片，后面还有3个占位符，单击其中一个占位符的"加载"按钮，按住Ctrl键依次选中3张图片，然后单击"插入"按钮，这样3张图片就插入进来了，如图15-11所示。

其实无论3张还是30张都可以瞬间完成，非常高效方便。

插入多张图片时的顺序原则：一次性加载多张图片素材进来，是按照图片的名称序号或者字母顺序来添加的，如图15-12所示。

图 15-11　一次插入多张图片

图 15-12　图片名称

所以如果想非常精准地按照自己想要的顺序来添加，就要先把图片的名称顺序改好。

占位符的制作方法：首先新建一张幻灯片，让你单击此处去添加什么，类似这样的文字在实际放映时是看不见的，所以并没有实质的内容，只是在提示你这里可以去填充什么信息，这个就是占位符。只不过这里的占位符是一种文字填充的占位符，现在需要的是图片的。接下来进行图片占位符的制作，具体操作过程请观看教学视频。

调整完毕后，就得到了之前所看到的效果了，如图15-13所示。

这个案例是一个综合性的调整，不仅学习了目录的样式设计，同时也把幻灯片母版占位符的制作方法讲解了。

图 15-13　最终效果

第**16**课 合并形状完成过渡页设计

本节课将学习如何做过渡页设计。

在PPT过渡页的设计中，有以下几点注意事项需要遵守。

（1）保持简洁：过渡页应当简洁明了，避免过多的元素和复杂的布局。这样可以帮助观众更好地理解内容，并保持对下一页内容的期待感。

（2）保持一致性：如果PPT中有多个过渡页，它们的设计风格和元素应该保持一致。这样可以增强PPT的整体感，使观众更容易理解各个部分之间的关联性。

（3）突出主题：过渡页的主题应当与PPT的主要内容相符合。主题可以通过背景、文字、图形等方式呈现，应确保其在视觉上明显且易于理解。

（4）使用适当的视觉元素：视觉元素（如图片、图表等）应当与PPT的主题和内容相符合，并有助于解释和强调主要观点。同时，要注意选择高质量的图片和图表，以确保视觉效果的专业性。

（5）文字清晰易读：过渡页的文字应当清晰易读，避免使用过于花哨的字体或过小的字号。文字内容应当简练，避免冗长和复杂的句子结构。

（6）控制动画和特效：如果过渡页中使用了动画和特效，应当控制其数量和复杂度。过多的动画和特效可能会分散观众的注意力，因此应仅在必要的时候使用。

（7）测试和调整：完成过渡页的设计后，应当进行测试和调整。检查过渡页是否符合上述注意事项，并对其中的元素进行调整，以确保最佳的视觉效果和观众体验。

遵循上述注意事项，可以设计出专业、清晰、易于理解的PPT过渡页，为观众提供更好的视觉体验。

开始学习之前先来回顾一下过渡页，如图16-1所示，在之前学到的结构图中，可以发现过渡页是不可或缺的一个环节。

图 16-1 结构图

过渡页的核心作用：内容预告、顺序提示、承上启下、总结概括。

以上4个方面决定了过渡页上面的文字在整个PPT中最少的，由于文字信息少，所以过渡页可能是最能发挥设计的页面。因为文字少，所以留出了更多做设计的空间。在学习过渡页设计之前，先来看一看常见的过渡页样式。

图16-2所示为一个非常具备科技感的PPT项目，这里呈现了4个页面，可以看出它们的背景图片虽然不同，但是整体风格是一致的，这是非常典型的一种过渡页设计。如图16-3所示，首先，这里面有很多统一性的元素，比如，每一个过渡页背后的图片风格都是一致的，都是与职场、文化、多元、主题相关的。另外，就是整个排版布局都是一致的，只有颜色不一样。

图 16-2　过渡页展示 1

图 16-3　过渡页展示 2

很多情况下都可以设置不同的颜色，比如Logo，如图16-4所示，微软自身就有4种颜色，所以基于这个颜色，如果有4个模块，刚好一个模块一个颜色，这也是一种设计方法。

图16-5所示为一种非常典型的PPT过渡页，主要用于商务类的PPT。里面的风格样式都是统一的，唯一的变化就是每一页的当前内容和对应的图片做了改变。如图16-6所示，如果没有适合的图片，也希望更有创意，可以做成这种弥散渐变、有颜色变化的设计，让画面很有设计感。

图 16-4　微软 Logo 展示

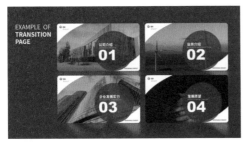

图 16-5　过渡页展示 3

图 16-6　过渡页展示 4

如图16-7所示，像这种比较有设计感的，能够对其中的一个部分做虚化处理。目的是为了做出视觉差，让文字信息显得更加突出。如图16-8所示，还可以做出这种非常酷炫的、有动态效果的过渡页。

图 16-7 过渡页展示 5

图 16-8 过渡页展示 6

首先，信息一定要有易读性，因为本身过渡页上的信息相对较少，所以一定要把信息凸显；第二，风格一定要跟整体的风格保持一致；第三，跟主题要有延续性；第四，样式可以做更多样化的设计。这就是过渡页设计的4个特点。

合并形状也称布尔运算，因为这是数学家布尔以他的名字来命名的一种计算方法，听起来很复杂，其实就是一个图形再创作的工具。图16-9所示为案例效果。

从这个案例可以看出，在一个常规的形态中产生了一个不一样的形状，如图16-10所示，这里有一个曲线的状态。如图16-11所示，可以看到中间被挖空了。

图 16-9 合并形状案例

图 16-10 曲线状态

图 16-11 中间被挖空

如图16-12所示，这里将案例进行拆解，可以看到整个操作分为4个层级，第一个层级是照片，第二个层级是放在照片上的滤镜，第三个层级是做出的造型层，这层里面还有一些文字性的装饰，第四个层级是标识、目录名称及当前的章节页数。

看完案例拆解后，可以知道主要问题是需要将如图16-13所示的图形完成。具体操作过程请观看教学视频。

图 16-12 案例拆解

图 16-13 主要问题

在这个案例中需要说明两点。

第一，幻灯片中章节目录下面的形状就是插入的一个圆形，并设置了颜色和透明度，这样可以进一步去强调、衬托当前的章节目录、章节顺序。

第二，Logo旁如果没有任何元素，会显得左上角很空，此时可以做一个自己的简单标识装饰，或者是公司的一个标语、slogan等，只要跟企业相关的元素，可以切换翻译成英文样式，因为它的目的就是作为一个装饰，去补充这个比较单调的地方。

合并形状操作要点：基于图形、数量要求，图形至少有两个、选择顺序。

接下来讲解如图16-14和图16-15所示的两个案例，拓展并巩固合并形状的操作。具体的操作过程请观看教学视频。

图 16-14 案例拓展 1

图 16-15 案例拓展 2

这3个案例强调的是利用"多边形绘图"的方式，利用"合并形状"中的"拆分"工具，将图片想要的部分抠出来。

第17课 其他3种过渡页设计方法

第16课中已经学习了过渡页中的一些常见特点，并使用合并形状制作了一些创意图形。本节课将讲解3个非常经典的过渡页设计方法：弥散渐变、柔化效果、视频动画。

17.1 弥散渐变

如图17-1所示，有点朦胧感，并且有很多颜色，这就是弥散，但是它又是一种渐变的颜色，所以就合称为弥散渐变。这是设计领域的专业俗称。

图 17-1 弥散渐变效果

如何制作弥散渐变呢？如图17-2所示，案例中的弥散渐变效果是通过4种颜色得到的，每种颜色下面还有3个值，称为RGB。RGB对应的是红、绿、蓝3种颜色，也就是三原色。

R	248		R	250		R	159		R	38
G	222		G	94		G	100		G	223
B	112		B	121		B	252		B	242

图 17-2 用到的颜色

后面的数值代表只要设置对应的数值，就可以得到这个颜色。接下来先来看看案例效果是如何制作的，再来进行实战演练。

图17-3所示的图中有一个链接，这个链接是一个工具网站。第一次打开这个工具网站，如图17-4所示，可以看到网站已经提供好了一些默认的颜色配置。当前页面中的弥散效果就是根据右边的4种颜色得来的。

图 17-3 工具网站链接

图 17-4 第一次打开

如果对效果不满意,可以单击Randomize按钮重新计算,直到得到满意的颜色为止,如图17-5所示。

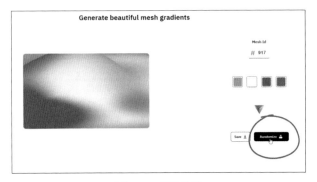

图 17-5 再次计算

得到想要的颜色后,单击鼠标右键进行复制,然后粘贴到PPT上所需的页面中即可。

如何得到颜色的RGB值呢?可以通过形状格式里形状填充中的取色器,提取需要得到RGB值的颜色,提取之后可以看到,当前使用的颜色就是刚刚吸取的,如图17-6所示。吸取完毕后,选择其他填充颜色,如图17-7所示。

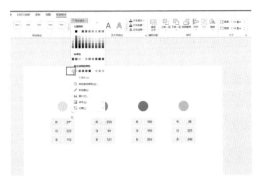

图 17-6 吸取颜色

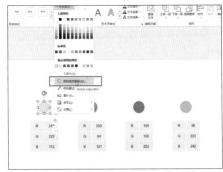

图 17-7 选择其他填充颜色

然后,就可以在弹出的颜色对话框中看到刚刚吸取颜色的RGB值了。

得到颜色的RGB值后,回到工具网站,选中一个颜色,更改RGB值,如图17-8所示。可以看到这样就得到需要的黄色了。接下来分别输入剩余的3个颜色的RGB值，然后单击计算，直到得到满意的颜色，再进行复制粘贴就可以了，如图17-9所示。

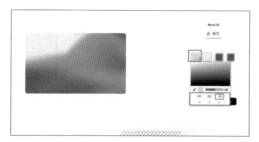

图 17-8　更改 RGB 值

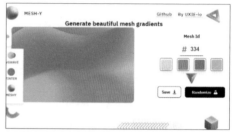

图 17-9　案例效果制作完成

案例中的弥散渐变效果，就是通过这样的办法得到的。

接下来进行实战演练。实操之前需要注意，弥散渐变的颜色最多只能有4个，因此在PPT中不要使用超过4种完全不同的颜色，一般建议3个颜色以内，工具网站也不支持。如图17-10所示，这个案例中只有两个颜色：一个红色和一个白灰色。这两个颜色都取自当前画面中的Logo。

图 17-10　两种颜色弥散渐变

案例的具体操作过程请观看教学视频，下面强调3个操作要点。

第一，提取数值，数值是指颜色的数值，通过提取RGB值，使用工具网站得到需要的素材。

第二，控制数量，数量是指颜色数量，这里建议颜色不要超过3个。颜色一般取自Logo上的主色，哪个颜色占比大，就是主要颜色。

第三，主次明确，当确定了主要颜色后，就让主要颜色在工具网站中的数据多一点。

17.2　柔化效果

柔化效果就是毛玻璃效果，具体做法有两种。

可以先看看具体效果，如图17-11所示，这是之前做的党政的汇报内容，这张PPT中没有其他多余的素材，重点在于模糊球球。

图 17-11　案例展示

　　首先插入自己需要的形状，方形或圆形都可以。这里插入一个圆形，然后将边框设置为无，颜色在形状格式填充中选择渐变色。然后将左边光圈设置为橙色，将右边光圈设置为黄色，如图17-12所示。在右边的效果面板中找到柔化边缘，如图17-13所示。

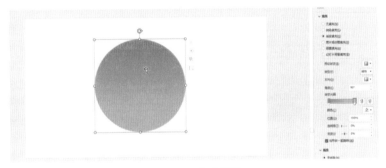

图 17-12　渐变效果

图 17-13　柔化边缘

　　找到之后，直接调整柔化边缘的大小，这样模糊球球的效果就制作完成了，如图17-14所示。可以看出渐变的变化不太明显，这时只需要在渐变光圈中把其中一个颜色的透明度数值调大一点，变化就明显了，如图17-15所示。

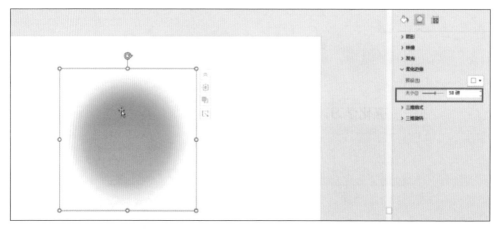

图 17-14　调整柔化边缘大小

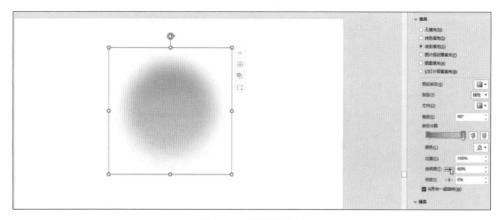

图 17-15　调整透明度

其他的模糊球球可以通过复制粘贴，并调整大小来获得，其实就是做一个装饰性的元素。当需要快速制作PPT，但又想让别人感觉画面没有那么单调时，使用这个方法非常快捷，根据公司主色调去调整颜色即可。

这就是第一个案例，利用柔化边缘来实现的效果，具体的两个操作要点如下。

第一，建议使用渐变填充。

第二，适度的颜色透明。

接下来进行第二个案例的学习制作，看起来操作相对比较复杂。案例效果如图17-16所示，画面背景是清晰的，只有文本区域是模糊的，主要是为了突出文本。

如图17-17所示，背景是清晰的，文本区域是模糊的，看起来会感觉很有设计感，同时还可以突出文字。如图17-18所示，周围是清晰的，中间的部分是模糊的。

当然，除了局部趋势模糊，还可以整个都是模糊的，如图17-19所示。当这个画面中的图标元素很多，背景也是很丰富的图像时，会对画面造成一定的干扰。所以当图标元素多时，可以把背景直接处理成模糊的状态。

图 17-16　案例效果展示 1

图 17-17　案例效果展示 2

图 17-18　案例效果展示 3

图 17-19　案例效果展示 4

　　观察案例效果后，接下来的重点就是如何去实现模糊效果。边缘柔化是从边到中间，如果图片过大，则没有办法做到整体柔化，如图17-20所示。

图 17-20　边缘柔化后

　　而且更难做到对局部需要的区域进行柔化。重点在于：希望哪里柔化就哪里柔化。

　　本案例的3个操作要点如下。

　　第一，虚化素材，要知道在哪里虚化素材。

　　第二，背景填充，要知道虚化的内容填充到哪里。

　　第三，渐变轮廓，给虚化的内容加边，就会显得非常好看。

17.3 视频动画

视频动画的目的：刺激听众的多巴胺。

很多时候，在演讲汇报的过程中，观众是有很强的疲惫感的。演讲汇报的目的是传达信息，让观众记得住或者提神，而视频动画是可以刺激到观众的多巴胺的。如图17-21所示，背景的视频素材一定要跟信息吻合。图17-22所示的画面则给人一种道家的感觉。

图 17-21　视频动画案例展示 1

图 17-22　视频动画案例展示 2

如图17-23所示，给人以互联网的感觉，很有科技感；如图17-24所示，长屏给人一种发布会的感觉。

图 17-23　视频动画案例展示 3

图 17-24　视频动画案例展示 4

看完之后，它们其实都是共通的类型，就是在背景中给到了视频化的概念。笔者已经给大家准备好了非常多的常用视频素材，如图17-25所示。这里随便插入一个视频素材，插入之后单击"播放"按钮，其实就是一个视频文件，如图17-26所示。

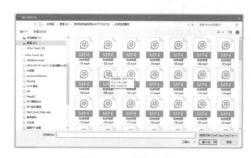
图 17-25　视频素材

图 17-26　插入视频后

无论如何，视频插入的第一个环节都是先对其进行压缩。无论多大，都需要进行这一步操作。然后在播放的位置设置自动播放，如果视频内容具有重复性，可以选择"循环播放"

复选框。然后将文字内容复制过来，再单击"播放"按钮，如图17-27所示，效果已经有了，但是有一个很大的问题，由于背景太突出，已经干扰到了文字信息。

图 17-27 播放展示

这时只需要插入一个矩形，将轮廓设置为无，将颜色设置为黑色，然后右键将矩形置于底层，再右键将视频置于底层，最后调整透明度，目的是让文字更突出，如图17-28所示。

图 17-28 添加滤镜

如果想让背景突出的情况下也不影响文字，就需要使用渐变了。

选中矩形，选择渐变填充，然后将光圈两边都设置为黑色，把角度调整为90°，最后分别调整两个光圈的透明度，这样就可以得到一个上下既能够看到背景，也不影响文字的效果，如图17-29所示。

图 17-29 最终效果展示

视频动画的3个操作要点。

第一，视频压缩。

第二，播放设置，根据视频本身的特点，如果是具有重复性的视频，就可以循环播放。

第三，渐变滤镜。

第18课 如何做内容页设计：文字设计

本节课开始学习如何做内容页的设计。

在PPT的内容页设计中，文字设计是至关重要的一个环节。以下是一些关于文字设计的要点。

（1）字体选择：选择一种清晰、易读的字体是文字设计的关键。对于大多数PPT演示而言，建议使用无衬线字体，如微软雅黑或黑体，因为它们在屏幕上的显示效果更好。

（2）字号：字号的大小也会影响观众的阅读体验。一般来说，标题字号要大于内容字号，内容字号应足够大，以使观众在一定距离内能清晰地看到。

（3）行距和段落：适当的行距和段落间距可以提高文本的可读性。行距应在1.0~1.5倍字号之间，段落间距则应大于行距。

（4）文字颜色：文字颜色应与背景颜色形成鲜明对比，以提高可读性。一般来说，深色背景配浅色文字，浅色背景配深色文字。

（5）文字排版：文字的排版方式也很重要。应避免文字的堆砌，尽量保持每行文字的长度适中，避免过长的行或段落。同时，应合理使用项目符号和编号，使内容更易于理解。

（6）文字内容：要对文字内容进行精心打磨。简练、清晰、有逻辑的文字更能吸引观众的注意力。避免使用冗长或复杂的句子，尽量使用短句和简单词汇。

总的来说，文字设计在PPT设计中起着至关重要的作用，它不仅影响观众的阅读体验，还影响信息的传递效果。因此，在设计PPT时，应给予足够的重视。如图18-1所示，在整个PPT中，占比模块最大的部分就是内容。

在学习内容设计之前，需要先确定PPT的应用场景，这样才能够去指导在内容上面的一个取舍权重。首先来看一些应用场景

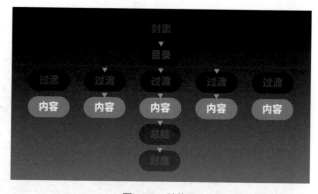

图18-1 结构图

素材，图18-2所示为一个大型发布会的PPT文字设计；图18-3所示为在日常工作中的PPT文字设计。

图 18-2　大型发布会 PPT 文字设计　　　　　图 18-3　日常工作 PPT 文字设计

图18-4所示为一些小型会议PPT的文字设计。

通过上述内容可以知道，PPT的核心应用场景有两种：演讲型、阅读型。

从字面上看，演讲型就是有人要演讲，是以演讲者为中心，PPT是辅助。而阅读型是指PPT的内容是主体。如图18-5所示，判断下面的场景中，哪些是演讲型，哪些是阅读型。

图 18-4　小型会议 PPT 文字设计　　　　　图 18-5　挑战

无论线上还是线下，对于这个问题的调研至今还没有一位同学可以准确地回答出来。至于为什么，接下来介绍演讲型PPT和阅读型PPT的区别。

首先，文字的多和少无法用来判断PPT的类型。如何正确区分PPT类型呢？这里用一段话对其进行一个简单的阐述。

演讲型：需要演讲者演讲给受众看的PPT。

阅读型：不需要演讲者讲解，受众自己完全能看懂的PPT。

在职场中，很少有纯阅读型PPT。

比如类似于咨询公司的报告，它是纯阅读型PPT，可以有前因后果、整个事件的背景，以及数据的分析、结论、来源，非常详尽。除此之外，在职场上几乎是没有需要做纯粹的阅读型PPT，因为通常用Word将其取代了。

如图18-6所示，这位演讲者扭头看屏幕读PPT的这个状态，你有没有经历过?虽然扭头不舒服，但由于他把一个演讲型的场景做成了一个阅读型的PPT，所以会不自觉地去依赖，害怕上面的某些字会遗漏，所以不得不去阅读。

图18-6　验证展示

　　绝大部分读者在一生的职场中有这样的场合占比都很小，即便是日常汇报，在整个职场的工作时间里的占比也很小，所以大家没有刻意去练习，因此觉得只有足够的填充，才能让受众听得懂、看得清。

　　但真实的效果是，下面的受众也很痛苦，他们到底是需要听还是要去看。如果他们可以完全通过这样的PPT看得懂，何必到现场再去听这样一场演讲。回到演讲型和阅读型，这里想告诉大家的是：既然阅读型在职场中是非常少见的，就不用去过多探讨。

　　演讲型PPT分为两种情形，一个是大场演讲，另一个是小场演讲，如图18-7所示。

图18-7　演讲型的两种情形

　　从字面就可以理解，一种是相对较大一点的场合，一种是相对小一点的场合。这个时候前面让选择判断的内容重新回来，这个时候是不是会恍然大悟。

　　大场的演讲其实跟常见的发布会、大型的企业宣传或者会展相关联，也可以简单地理解为在更大的一个空间里面，有更多的人，这个时候屏幕通常都非常大。小场演讲里面都是一些日常工作汇报，或者工作的内训、培训，这种场合通常人数不多，设备大部分用的是投影仪或者小型的LED屏。

　　关于大场和小场的区别，首先来看大场演讲。图18-8所示为前不久的iPhone14发布会，看看对我们有什么启发。图18-9所示的画面非常简单。

图 18-8 iPhone14 发布会图片 1

图 18-9 iPhone14 发布会图片 2

　　如图18-10所示，这也是其中的一张照片。图18-11所示为大疆的一次发布会，与刚才的苹果发布会很相似，整个画面非常简单。

图 18-10 iPhone14 发布会图片 3

图 18-11 大疆发布会

　　图18-12和图18-13所示为时间的朋友PPT。

图 18-12 时间的朋友 PPT 1

图 18-13 时间的朋友 PPT 2

　　图18-14所示为TED。看完之后可以知道，他们都更偏向于大场，场合都很大，受众很广，屏幕很大。在大场里面会从3个角度做总结，如图18-15所示。

　　第一，基调，就是整体的基调，看上去的第一感受，可以发现整个色调以深色居多，比如，最经典有代表性的苹果发布会。切忌是纯白色，因为屏幕中大白色的距离和尺寸越大，越容易出现曝光的现象，人在长时间看一种比较亮的状态时会非常疲惫。

　　第二，文案，就是从内容的角度看刚才这些大厂的文案，都有一个统一的特点，就是文字非常经典，以字、词、短句为主，要么是一句话，要么是一个数字，要么是几个词，这是大厂的特点。

图 18-14　TED

图 18-15　大场演讲总结

第三，设计，整体非常简约大气，所选的照片非常有质感，因为这时屏幕足够大，那么大家看到的东西都是一览无遗，在里面呈现的任何东西必须要表达出你的品质，因为还要进行二次传播。

小场演讲型是演讲和阅读的结合。它跟大场的本质区别是，内容从阅读的角度和内容的比例上来说增加了，因为除了要讲，还有一部分需要大家去看，这需要找到一个平衡的度。接下来就从3个角度进行介绍，如图18-16所示。

第一，基调，首先要跟公司的风格匹配。

第二，文案，要做到文字精练，重点突出非常重要，绝对不能出现大段的文字，即便有阅读的属性在里面。

第三，设计，要注意两个方面，小场的设计不是以视觉冲击力为主，而是以易读性和美观性为主。

如图18-17所示，这样的内容页面就可以通过演讲，以及对应的内容去传递信息。

图 18-16　小场演讲总结

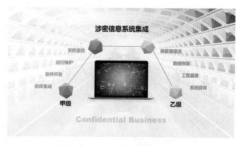

图 18-17　小场案例展示 1

如图18-18所示，作为一个汇报或者一个产品介绍，首先是标题，接下来就开始展开这12个要点。

如果作为一个发布会来说，这12个要点下面的展开内容，比如到社交建立，就截止了。但是作为一个日常小型的演讲中，因为要传递一些非常具体的信息，也就是说当你讲完这张图或者这个PPT，接下来要进行传播，大家还可以再次去巩固里面的信息内容。当然在讲解的过程中，下面的文字也是作为辅助去说明补充的，绝不是照着里面去念，也就是把大量的文字进行浓缩。

图 18-18 小场案例展示 2

　　如图18-19所示，文字中几个数据是最核心的。如图18-20所示，整套PPT的标题、内容、模块的主题都是一样的，属于典型的日常职场中的演讲型PPT，它有一定的阅读属性在里面。

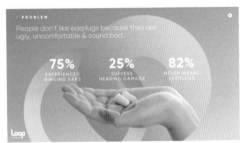

图 18-19 小场案例展示 3　　　　　　　　　　　图 18-20 小场案例展示 4

　　如图18-21所示，这个PPT的背景是年终总结的汇报中的一个页面，大家来判断一下这个PPT页面是阅读型还是演讲型。

▶ 02 对干部的角色认知和理解

团队的引领者，结果的负责人

目标管理	团队管理	过程管理	结果管理
● 根据公司总目标，制定团队和个人目标，并将目标进行拆解，分几阶段进行（月、周、日）。 ● 根据团队成员情况，制定各人目标，并督促完成。 ● 定期通过复盘、探讨、总结，寻求实现目标的方法并执行。	● 进行人员分工，让每个人发挥自己的优势，保持成员激情。 ● 确定队名口号，定期进行团队建设，提高团队凝聚力。 ● 鼓励内部良性竞争，形成互相学习的氛围。 ● 协调人员关系，互相配合，提高绩效。	● 执行：目标制定出来首先是执行，确保团队及成员个人积极执行到位，并实时监控执行中的数据情况。 ● 总结：根据落地执行的结果进行总结分析，找出影响结果原因，寻找改进的方法。 ● 改进：通过找到的改进方法，再执行。	● 总结：顾问部是结果导向的工作，结果是与薪资提成挂钩，无论工程怎样，结果才能代表一起切，对结果进行总结和分析。 ● 分析：对结果和过程进行分析，提炼总结经验，不断提升团队和个人。

图 18-21 判断 PPT 类型

前面说过，阅读型是不需要讲的，只需要看这个字。这张PPT页面基本上就是一个纯阅读型的。如图18-22所示，可以看到在当前内容中，单纯从拆分的这个点来讲，有18个点需要让大家去看，如果边讲边让大家看的话，非常吃力，所以这个页面有很大的问题需要处理，要回归到它的实际背景。

如图18-23所示，先将结果呈现出来，首先可以看到有很大的变化，第一个就是标题，之前的标题是"对干部的角色认知和理解"，但是这样的标题没有具体的引导性，只是告诉了我们一个空泛的概念，实际上在报告中，标题能够具体就尽量具体，让受众一看到标题就能知道接下来要讲什么。

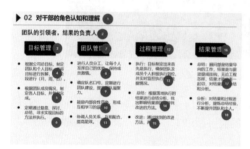

图 18-22　内容展示

图 18-23　结果呈现

还可以看到在原来案例中的"团队的引领者""结果的负责人"，在修改后的页面中没有了，这是因为有些内容其实是作为一种感性语言的补充，在汇报中并不是内容的主体，能够精简就精简掉。或者当讲完这一页后，把这句"金句"单独留一页就可以了，实际上是作为一个铺垫，或者说是做一个补充说明。

关于修改后的内容可以看到，内容仍然是4块，但是笔者对4块内容都进行了重新浓缩，保持了工整，都是用3点去说明。如图18-24所示，刚刚的案例中有18个点，但在修改后的模块中可以看到，只需要5个模块。这样无论是用来讲还是用来看，都可以快速地获取关键信息。

图 18-24　修改后内容展示

这就是一个非常典型的职场PPT样式。

所有用来讲解的PPT，都从删除大段文字开始。

练习：首先来看一个反面的教材。

找问题。如图18-25所示，这一页其实在原来的内容中，添加了几张照片素材。如图18-26所示，从这个内容中可以看出以下几个问题。

第一，标题层级不明显，看不出在干部的角色、团队的引领者和目标管理中哪个是最优先的。所以在内容中有一个很关键的问题，就是层级清不清楚。

第二，文字行间距太小，看起来有阅读障碍。

第三，图片风格不统一，前面3张都是职场中的工作场景，最后一张却出现了一个城市建筑。

图 18-25　反面教材

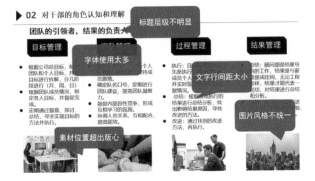

图 18-26　教材问题

第四，素材的位置超出了版心。

第五，字体使用太多，标题是一种字体，"团队的引领者"是一种有点设计感的字体，目标管理和内容又是另一种字体，在这个页面中已经出现了3种字体。

问题找出来之后，就需要对问题进行处理。

处理问题。这里为大家介绍一种处理方法，学会后基本上内容设计就确定了。这个方法称为"四眼看天下"。这"四眼"分别为层级、文字、布局、留白。

第一眼：层级。

图18-27所示为改好的内容，这里面的层级非常清晰，只有层级清晰了，受众才能知道谁是最重要的，谁是作为补充说明的。

第二眼：文字。

因为在内容页中，文字内容相对较多，所以对文字的设计一定要把握扎实，如图18-28所示，内容页文字的背后是有秘密的，这里将规范的设计全部浓缩到了一起，看完这个页面就可以知道内容页的文字怎么做。

图 18-27　看层级

图 18-28　文字设计

内容页的文字设计步骤如下。

第一，字体。一般统一一种字体是最安全的，如果在一个页面中要用多个字体，最好不要超过两个。内容的中英文字体需要分别设定，如图18-29所示，可以看到包含数字、英文和汉字。数字和英文字体是Lato Black，而所有的中文都是思源黑体。首先选中文本框内的文字或者选中文本框，然后在右键菜单中找到编辑文字。单击之后，文本框内的文字就被选中了。然后在右键菜单中找到字体，弹出"字体"对话框，如图18-30所示，只需要分别在"西文字体"和"中文字体"中分别设置需要的字体，然后单击"确定"按钮，这样文本框内的字体就会改变。这里"西文字体"主要针对的是英文、数字和符号。"中文字体"针对的是汉字。

图 18-29　文字展示

图 18-30　字体对话框

这是一个很重要的操作技巧，称为中英文设定。这个需要做好文字后统一去做。

第二，字号。在PPT的内容中主要分3个层级的字号：一级标题28～32号，二级标题19～24号，三级内容12～18号。

第三，字距。文字和文字之间的行距设置为1.1～1.3倍行距看起来比较舒服，段后间距为6磅。最后还需要注意跨行不要留单字。如果存在这种情况，首先要看文本框是否还有调整空间，如果没有则需优化里面的某一个内容，减少或增加几个字，从而避免这种情况。如图18-31所示，回到之前的案例中，可以分别看到使用的字体和字号。

图 18-31　字号字体选择

通过这一页PPT可以看出，用这样的大小做出来的文字，不仅看起来清楚，有美观性，层级也非常清晰。

第三眼：布局。

如图18-32和图18-33所示，分别观看这本书的封面和内容，可以发现，无论是中文还是英文，人们的阅读习惯都是，从左到右、从上往下的"z"字形阅读。

图 18-32　封面

图 18-33　内容

从设计的角度出发，各种方式的阅读顺序都可以去做，但是易读性是非常重要的。

下面为大家准备了3个常用模板，直接去套用即可。如图18-34～图18-36所示，这3种都是常见的"z"字形阅读，在文字量相对比较大的情况下可以直接套用。

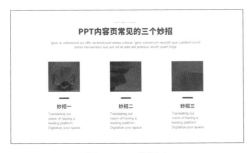

图 18-34　模板 1

图 18-35　模板 2

图 18-36　模板 3

第四眼：留白。

如图18-37所示，这个页面的留白不够，所以看起来非常疲倦。

留白的功能如下。

第一，引发关注。如图18-38所示，这个画面有更多的空白区域，留白不一定只是白色，只要这个地方没有填充文字信息，都可以理解为留白，哪怕是黑色填充或者图片。这样观众的视觉就会聚焦在中间的内容区域，这个就称为引发关注。

图 18-37　没有留白

图 18-38　有留白

第二，创造联想。如图18-39所示，这个案例中的页面很满，不知道哪个地方是焦点，这是一张有问题的页面。

如图18-40所示，做了一个极致留白的状态，可以看到画面非常聚焦，看到问号之后马上就想知道答案，在聚焦的同时又会产生联想。

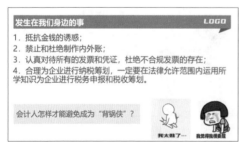

图 18-39　有问题的案例

图 18-40　极致留白

当受众在想到底如何避免背锅时，接下来再讲4个词：抵抗诱惑、禁绝双账、严审票据、合法筹划，如图18-41所示。产生联想是留白的一个很大价值，当停留在如图18-42所示的画面时，听众的注意力是聚焦在这个地方的。

抵抗 禁绝 严审 合法
诱惑 双账 票据 筹划

? 会计如何避免背锅

图 18-41　如何避免背锅

图 18-42　画面

所以需要记住一点，当PPT上面的文字信息越少时，大家的注意力就会越集中。这种方式有一个专门的名称——高桥流。

这是一个名为高桥征义的演讲者在一次演讲会上用到的方法，后面广为流传，如图18-43所示。

如图18-44和图18-45所示，这种只有文字组成、对比非常强烈的画面，就称为高桥流。

图 18-43　高桥流

选择
對比強烈
明度高

ご清聴ありがとうございました
謝謝
Special thanks to:
hcchien,Gugod,momiziさん(translation)、
and other kindl OSDC.tw guys!

图 18-44　高桥流案例 1

图 18-45　高桥流案例 2

这种就是让人们的注意力非常聚焦的一种方法。

第19课　如何做内容页设计：版式设计

本节课主要对内容页的排版进行学习。PPT内容页的版式设计是制作高质量演示文稿的重要环节。以下是一些常见的版式设计技巧和建议。

（1）确定风格和主题：根据演示文稿的整体风格和主题，选择适合的内容页版式设计。确保版式设计与整体风格相协调，避免过于花哨或过于简单的设计。

（2）合理布局：使用适当的空间和元素，合理布局内容页。将重点内容放在显眼的位置，如屏幕中央或上方，以吸引观众的注意力。同时，保持内容的清晰易读，避免过于拥挤或空旷。

（3）使用一致的字体和颜色：选择一种易于阅读的字体和与主题相符的颜色。确保在整个演示文稿中字体和颜色的一致性，以增强整体效果。

（4）图文结合：在内容页中结合图片和文字，提高视觉效果。选择与主题相关的图片，并将其与文字内容有机结合，使信息更易于理解和记忆。

（5）列表和编号：使用列表和编号来组织信息，使其更易于理解和跟踪。通过有序列表或项目符号列表等形式，清晰地呈现要点和层次结构。

（6）使用空白和间隔：在内容页中适当使用空白和间隔，增强版面的层次感。空白的使用可以使重点内容更加突出，间隔则有助于区分不同的内容区域。

（7）调整行距和段落间距：根据需要调整行距和段落间距，使文本更易于阅读。适当的行距和段落间距可以使文本更加整洁、易读。

（8）设计标题和副标题：为内容页设计醒目的标题和副标题，以引导观众的注意力。标题应简洁明了，副标题则可以提供更多详细信息或解释。

（9）适应性和可读性：确保内容页在不同设备和屏幕分辨率上的适应性和可读性。在设计和布局时考虑不同屏幕的尺寸和分辨率，以确保内容的清晰度和可读性。

（10）简洁明了：避免在内容页上添加过多的元素和信息，保持简洁明了的设计风格。只保留必要的内容，并对其进行精简和组织，以提高观众的阅读体验。

遵循以上技巧和建议，读者可以设计出专业、清晰、易于理解的PPT内容页版式。

如图19-1所示，这个案例已经把内容整理好了，包括整体的标题和所用到的素材。用户的4个价值有4块内容，每个价值内又有两个不同的标签，具体来说，最下面的4个标签是作为4个最大的价值展开说明的。通过简单介绍，这个PPT的基本信息就比较清楚。

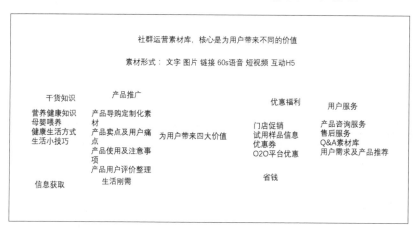

图 19-1 案例1

分析完基本信息后，下面开始进行制作。

确定颜色。首先需要先确定一个主题色彩，先来确定基调。如图19-2所示，这家企业Logo的颜色是克莱因蓝。

画面样式展示。接下来先看一看完成的几个常见的画面样式。如图19-3所示，这个画面非常清晰，一目了然。

图 19-2　确定颜色　　　　　　　　　　　　图 19-3　画面样式 1

如图19-4所示，为下面的4个重点添加深色的形状底纹，从层级关系来说非常明确清晰，同时还有一些适当的修饰。如图19-5所示，这张画面中添加了图片。

图 19-4　画面样式 2　　　　　　　　　　　图 19-5　画面样式 3

在PPT中，有无数种这样设计的页面方法。如图19-6所示，下面以这个案例作为实操，学习一下整个设计流程。具体操作请观看教学视频。

社群运营素材库，核心是为用户带来不同的价值

素材形式：文字 图片 60s语音 短视频 互动H5

为用户带来四大价值

干货知识	产品推广	优惠福利	用户服务
营养健康知识 母婴喂养 健康生活方式 生活小技巧	产品导购定制化素材 产品卖点及用户痛点 产品使用及注意事项 产品用户评价整理	门店促销 试用样品信息 优惠券 020平台优惠	产品咨询服务 售后服务 Q&A素材库 用户需求及产品推荐
信息获取	生活刚需	节省开支	心理满足

图 19-6　实操案例

大家经常会习惯性地套用模板，自己制作出好的版式或者常用的版式时，也可以作为自己的模板。接下来讲解一个非常重要的概念——幻灯片母版。

※ 幻灯片母版

母版是PPT的一项重点内容。如图19-7和图19-8所示，这是后面的两种案例，如果按照刚才的方法慢慢去做也可以，只是形状和位置发生了变化。

图 19-7　案例 2

图 19-8　案例 3

如图19-9所示，如果直接使用幻灯片母版，就可以直接填充内容，无须反复去做。首先来看看如何套用，然后再去学习如何完成这个样式。

◎ 如何套用模板

如图19-10所示，直接将文本复制过来即可，不需要调整位置，这是效率提升的关键，只要版式做好后，直接往里面放内容即可。

图 19-9　母版展示

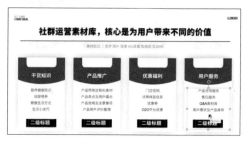

图 19-10　套用母版

◎ 如何制作模板

接下来以刚刚完成的案例为主，将其制作成一个模板。

首先新建一张幻灯片，然后将刚才做好的案例复制过来。

在视图中打开幻灯片母版，打开之后在右键菜单中选择插入版式，或者将原有的不需要的内容选中，删除已有的占位符，创建自己比较满意的模板样式。

在创建时，由于没有参考依据，所以需要把原来的内容整体复制，然后回到幻灯片母版中，再粘贴过来，如图19-11所示。

复制过来的内容主要是对制作的这段过程做一个参考。复制过来之后，仍然要做足准备工作。

比如，先把视图的参考线打开，如果显示的参考线不具备边缘参考功能，只需要在iSlide中开启一键优化的智能参考线，设置参考线为标准（推荐），然后保存即可。

参考线设置完毕后，首先将母版的背景颜色设置为灰色，这样在将来调取母版时背景颜色才能够统一。

如果画面中原本就有标签和Logo，保持默认即可。主要需要解决的是文字区域的填充。

在设置文字区域前需要注意，不可以直接使用格式刷，这样制作出的母版是无法使用的。

在插入占位符中选择文本，然后设置大小与素材保持一致，如图19-12所示。

图 19-11　参考依据

图 19-12　插入文本

插入之后把参考文字删除，然后选择插入的文本占位符并单击鼠标右键，找到编辑文字，然后再次在右键菜单中选择"字体"命令，弹出字体对话框，然后分别设置西文字体和中文字体，单击"确定"按钮，如图19-13所示。

字体设置完毕后，设置字号大小，然后关闭项目符号，删除文本样式下的二级、三级等多余文字，如图19-14所示。

图 19-13　设置中西文字体

图 19-14　设置字号删除多余元素

删除完毕后，将文本占位符放好位置，在形状格式的对齐中选择居中对齐，就得到了刚才的画面效果，如图19-15所示。

第二个同样是利用插入的文本占位符，将大致的位置区域画出来，再删除参考文字，然后选择插入的文本占位符，单击鼠标右键找到编辑文字，然后再次单击鼠标右键选择字体，弹出"字体"对话框，然后分别设置西文字体和中文字体，然后单击"确定"按钮。

字体设置完毕后，设置字号大小，然后关闭项目符号，删除文本样式下的二级、三级等多余文字。

删除完毕后，将文本占位符放好位置，在形状格式的对齐中选择居中对齐，第二行内容就设置完毕了，如图19-16所示。

图 19-15 一级标题效果

图 19-16 第二行内容效果

第三行也是一样的,只需要知道它的颜色和文字大小即可。

利用插入的文本占位符,将大致的位置区域画出来,再删除参考文字,然后选择插入的文本占位符,单击鼠标右键找到编辑文字,然后再次单击鼠标右键选择字体,弹出"字体"对话框,然后分别设置西文字体和中文字体,然后单击"确定"按钮。

字体设置完毕后,设置字体的颜色、字号大小,然后关闭项目符号,删除文本样式下的二级、三级等多余文字。

删除完毕后,将文本占位符放好位置,在形状格式的对齐中选择居中对齐,这样第三行内容就设置完毕了,如图19-17所示。底下的蓝色衬底保持默认设置即可,如果将来想换颜色,只需多做几条不同的颜色就可以了。

依此类推,后面的内容只需要进行复制即可,8个标签跟第三行的样式是一样的,只需要调整占位符的宽度和字体颜色即可。里面的文本内容跟第二行的样式是一样的,只需要调整占位符的宽度、高度及字体的行间距即可。至此,当前母版中的样式就设置完毕了,如图19-18所示。

图 19-17 第三行内容效果

图 19-18 设置完毕

◎ 如何保存

母版制作好之后将多余的幻灯片母版删除,只留下做好的那一个。然后在主题中选择保存当前主题,如图19-19所示。创建一个文件夹并命名,单击"保存"按钮。保存完毕后,就可以在以后需要的时候随时使用这个模板了。

◎ 如何使用

如果当前PPT中没有之前创建的模板,只需要回到幻灯片母版中,找到主题,选择"浏览主题"选项,如图19-20所示。

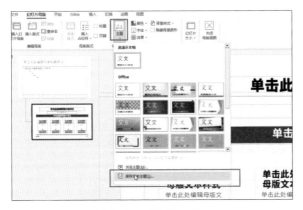

图 19-19　保存当前主题

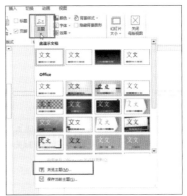

图 19-20　浏览主题

可以看到刚刚保存的模板，选中模板，单击"应用"按钮即可。这样，这个幻灯片母版就会加载进来了。加载进入后，关闭母版视图，回到PPT中，新建一张幻灯片，然后打开右键菜单，选择"版式"命令，可以在其中找到刚刚加载进来的版式，如图19-21所示。

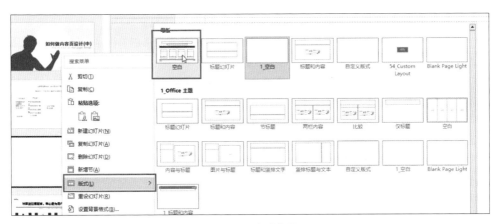

图 19-21　版式位置

学会了幻灯片母版的创建后，就可以将日常看到的好的幻灯片版式储备下来，使资源库越来越丰富，效率也会越来越高。当然，本书也会给大家分享一些笔者常用的母版资源。

◎ 如何合并

下面学习如何合并母版。首先回到幻灯片母版，接下来要把其他做好的跟这个母版合在一起。这时可以打开主题，选择浏览主题，这里准备好了一个母版，选中之后单击应用。全部都是图片占位符，如果从内容页的设计角度，有时需要图文结合，可以出现成千上万种方式，这里直接变成了母版给大家。

可以把所有的母版放在一起，将多余的大母版删除，保留一个有很多母版样式的主题，最后将整体进行保存，这样就可以不断地去叠加幻灯片母版了。

PPT版面制作的操作要点如下。

第一，制作占位符，制作图片或者文字的占位符。

第二，存储版式，要注意如何储存下来。

第三，版式调用。

如何做内容页设计：图表

本节课继续学习内容页的设计，重点以数据图表设计为主。

在PPT内容页设计中，图表是一种非常重要的展示方式，它能够直观地呈现数据和信息，帮助观众更好地理解内容。以下是一些关于PPT内容页设计中图表设计的技巧和建议。

（1）选择合适的图表类型：不同类型的图表适用于不同的数据和信息。例如，柱状图适用于比较不同类别的数据，折线图适用于展示趋势和变化，饼图适用于展示占比关系。根据所要表达的内容选择合适的图表类型，能够更好地呈现数据和信息。

（2）突出重点：在图表中突出重点和关键信息，能够让观众更加关注这些信息。可以通过调整图表的颜色、大小、字体等方式来突出重点。

（3）精简图表：一个简洁、清晰的图表往往比复杂、混乱的图表更加容易理解。尽量精简图表中的元素，突出核心内容，避免过多的噪音和干扰。

（4）设计图表的美观性：一个美观的图表能够吸引观众的注意力，提高演示效果。可以尝试使用不同的颜色、线条、形状等元素来美化图表，使其更具吸引力和可读性。

（5）添加图表说明：为了让观众更好地理解图表，可以在图表旁边添加简短的说明文字。说明文字应该简洁明了，只提供必要的解释和背景信息。

（6）适应不同的观众：针对不同的观众群体，需要使用不同的图表设计。例如，对于技术性观众可能需要更加详细、精确的图表，而对于非技术性观众可能需要更加简洁、直观的图表。

（7）不断优化和改进：在设计和使用图表的过程中，需要不断优化和改进图表的设计。可以根据观众的反馈和自己的经验，不断调整和完善图表的设计，提高其可读性和演示效果。

本节课中图表的制作非常简单，但是数据的规范是重点。

图20-1所示为一个比较不错的图表。但是它还可以再进行优化，如图20-2所示，相比于之前，可以看到图表共有3个变化，这样的变化使图表更便于观众浏览。

接下来开始讲解数据。首先要明确，数据本身是没有用的，作为演讲者，演讲者的任务是要帮助听众排除所有的干扰，并帮助他们用有意义的方式去解读数据。

本节课将讲解关于数据可视化、数据展示技巧、组合图表的制作方法、数据讲解技巧及贴纸等内容。

哎呦! 这个数据图表还不错...

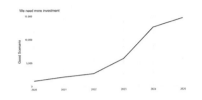

...但是还可以更好

图 20-1 一个比较不错的图表   图 20-2 修改后的图表

20.1 数据可视化

数据可视化的一个技巧是，永远不要仅展示数字。因为它没有给观众提供任何背景信息。如图20-3所示，假设苹果手机大促销，每个仅售5000元，他们卖了10000台。

图 20-3 案例图片展示 1

很显然，单独的一组数据无法看出任何有价值的信息，除非与历史数据相比较，如图20-4和图20-5所示。不同的历史数据表现，会呈现出截然不同的结果。

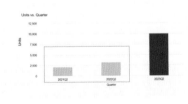

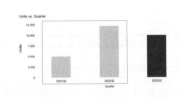

图 20-4 案例图片展示 2   图 20-5 案例图片展示 3

如果没有历史数据，可以选择适用于行业的基准数据进行比较。但是需要记住，当呈现数据时，真实的数据才是最重要的。

注意，如图20-6所示，不要将不同的事物相提并论。比如关于某个季度的数据，那就将它和其他的季度数据相比较。

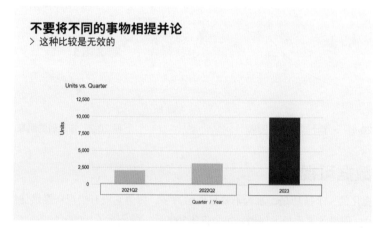

图 20-6　不同的事物不要相提并论

不要将季度的数据跟今年年初到今天的数据进行比较，这样做毫无意义，因为时间范围不同。图20-7所示为一个简单的表格，其实初始创建时并不是这个样式，它有很多的其他元素组成。

首先要学习的是，如何将表格调整到这样的精简状态。但并不是说这就是最终的结果，需要学会如何操作才能将表格精简。如图20-8所示，这里提供了几个非常简单的数据，2021年到2023年，Q代表的是季度的意思，刚好这3年都是第二季度的3个数据的比较。

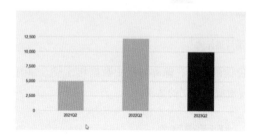

图 20-7　简单表格

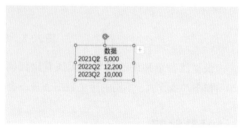

图 20-8　数据展示

20.2　数据展示技巧

对于任何表格图表或者图形而言，应该只有一个关注焦点，这是因为人们的大脑天生的识别模式，会习惯性地注意不寻常的事情。利用这个模式，可以轻松地将观众的注意力集中到希望他们关注的事情上。

如图20-9所示，这个图表只有3个元素，但很难一眼看出这里表达的意思是什么。如果必须在一张PPT中包含多个数据，建议分阶段去展示。如图20-10所示，讲完这张PPT后，进入下一张PPT接着讲，如图20-11所示。讲完之后，再进入下一张PPT，如图20-12所示。这样分阶段地进行展示，就可以避免受众不知所措。

只有一个关注焦点
> 这是我们大脑天生的识别模式

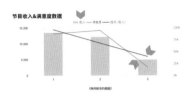

图 20-9　反例

分阶段展示这些数据
> 以免让观众不知道看哪里

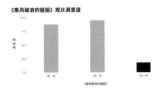

图 20-10　阶段 1

分阶段展示这些数据
> 以免让观众不知道看哪里

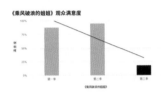

图 20-11　阶段 2

分阶段展示这些数据
> 以免让观众不知道看哪里

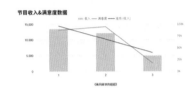

图 20-12　阶段 3

　　这里需要注意一点，如图20-13所示，是一份纯粹的阅读型PPT，其中包含了大量的文字和元素，因为这些信息需要在公司内部传播，并且上下文非常详细。此时可以在一张图表中去呈现这种复杂的组合，但是不适用于演讲汇报。

图 20-13　阅读型图表

　　演讲汇报时，如果有多个数据在一个图表中，需要分阶段去演示。

20.3　组合图表的制作方法

如图20-14所示，接下来看一看这种组合图表是如何制作的。通过观察可以看到，当前数据图表中有很多不同的信息，左侧有数据，右侧也有数据，上方还有图例，重点在于图表中间，既有折线、直线，又有柱形。

如图20-15所示，这里涉及两个核心数据，一个是对应收入的数字，另一个是满意度。首先在图表中选择插入一个柱形图，将数据复制粘贴到表格中，然后把多余的系列和类别删除，这样就得到了第一个样式，如图20-16所示。

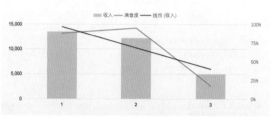

图 20-14　组合图表

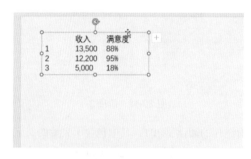

图 20-15　数据展示

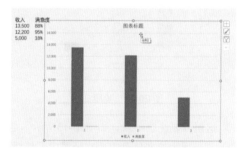

图 20-16　第一个样式

接下来对图表进行比例的添加。选中图表，在图表设计中找到并打开更改图表类型，如图20-17所示。如图20-18所示，通过观察，在当前画面中存在一点不同的颜色，这就代表它是有数据的，只是表现形式不对。

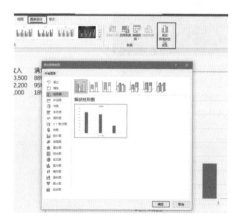

图 20-17　更改图表类型

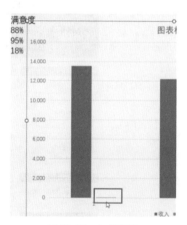

图 20-18　细节观察

这种情况下只需要找到组合图，再去选择，如图20-19所示，然后在下面的示意图中可以看到这个就是我们需要的。单击"确定"按钮，可以看到对应的比例也出来了，如图20-20所示。数据针对的是柱形，比例针对的是折线。

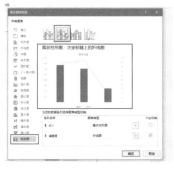

图 20-19　组合图

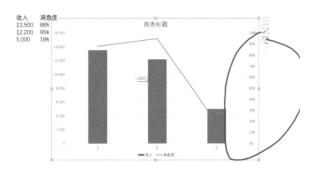

图 20-20　组合后展示

完成之后还需要在图表中添加一条直线，称为趋势线。它是不需要单独去做的，只需要在图表右上角的图表元素中，选择"趋势线"复选框，然后选择以谁为趋势，如图20-21所示。如图20-22所示，选择以收入为趋势，这样就得到了这样一条直线。

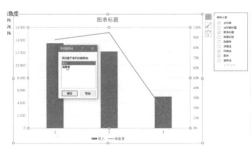

图 20-21　选择趋势

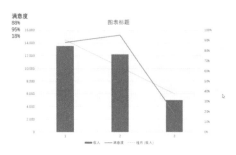

图 20-22　设置趋势线

默认的趋势线是虚线状态。

基础的造型设置完毕了，接下来就可以对图表的内容进行编辑了。

首先在图表元素中隐藏图表标题，因为标题放在图表上方不容易操作，通常手动输入放在想要的位置，所以需要隐藏。在图表元素中找到图例，然后在右边的小三角里调整图例的位置，如图20-23所示，这里将其调整到顶部。

接下来对数据进行调整，选中纵坐标，利用右键菜单中打开设置坐标轴格式，根据案例所示，将最大值调整为15000，间距调整为5000。

左边的数据调整完毕后，再对右边的比例进行调整。同样，在设置坐标轴格式中，将最大值改为1，间距改为0.25。至此，调整完毕，需要注意的是，1就代表100%。

在填充颜色中将柱形颜色设置为灰色，边框设置为无，调整柱形颜色。

最后单独选中趋势线，将颜色设置为黑色，在短画线类型中将其修改为直线，这样就得到了起初所看到的组合图表了，如图20-24所示。

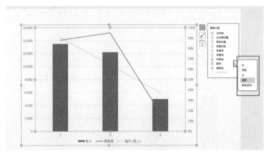

图 20-23　图例位置

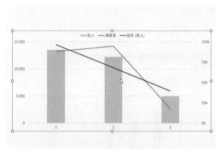

图 20-24　制作完毕

这就是组合图表的制作方法。

20.4　数据讲解技巧

通过借助颜色来展示对比，人的大脑其实更擅长识别颜色而不是形状，所以为之前的图表加上颜色，可以大大提高信息的有效性，如图20-25所示。

首先需要讲的是如何去实现规范操作。为图表添加颜色最难的是不知道怎么加这样的色彩。

颜色使用规范。如图20-26所示，在数据图表中，通常用浅灰色表示更早的数据，用深灰色表达近期的数据，用公司的品牌色或者主色调来表达当前的核心数据，对于预测的及将来的数据，一般都用饱和度更低的品牌色或者主色调。

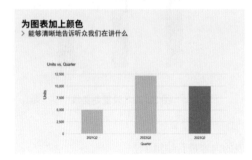

图 20-25　图表加颜色

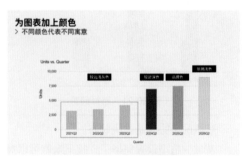

图 20-26　不同颜色的寓意

表格的可视化技巧：表格首先要的不是酷炫而是规范。

如图20-27所示，这是一个非常标准的表格设计样式。其中用绿色高亮强调了最大的数字，这里可以用自己公司的主色调或者品牌颜色。销量由高到低进行排序并且整个汇总栏的颜色通过加深来加以强调。表格是透明的、白底灰色边框。表头中还有标题的列文字居中。需要注意的是，数据一定要靠右对齐，并且数字要有分割号。具体制作过程请观看教学视频。

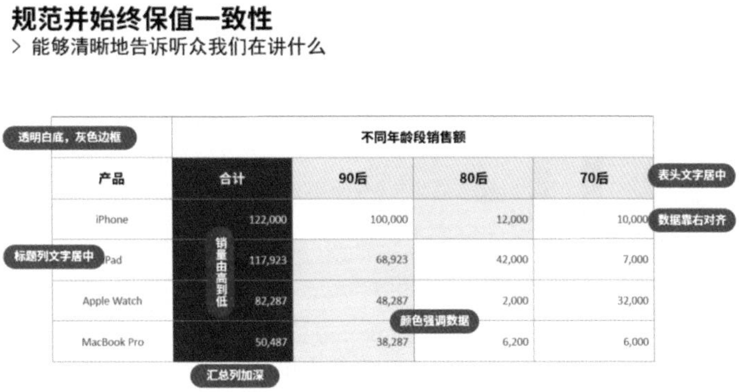

规范并始终保值一致性
> 能够清晰地告诉听众我们在讲什么
透明白底，灰色边框
不同年龄段销售额
产品
合计
90后
80后
70后
表头文字居中
iPhone
122,000
100,000
12,000
10,000
数据靠右对齐
标题列文字居中
iPad
117,923
68,923
42,000
7,000
销量由高到低
Apple Watch
82,287
48,287
2,000
32,000
颜色强调数据
MacBook Pro
50,487
38,287
6,200
6,000
汇总列加深

图 20-27 标准案例

最后需要做的就是强调。

第一，需要把数据按照从大到小、从上往下的顺序进行排列，这个规范一定要有，从上往下看一目了然，可以很清楚地看出哪个产品卖得最好。

第二，需要对内容中的核心数据进行标注，标注颜色根据主色调来定，但是不能为不同的核心数据设置不同的颜色，要保持颜色的统一性。

20.5 使用贴纸

使用贴纸主要是为了规避一些数据的风险。

数据不够完善时就需要使用贴纸了，因为数据的要求是非常严谨的，但是不代表每次得到的数据都是完善的。如图20-28所示，这个图表的右上方就有一个待讨论的贴纸，这通常意味着这是一个还没有经过审核确认的数据，需要向领导进行审核，并反馈是否需要修改。

待讨论
增长预测
We need more investment
15,000
10,000
5,000
0
Good Scenario
2020
2021
2022
2023
2024
2025

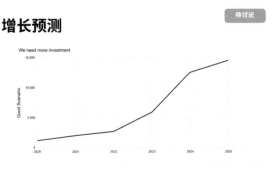

图 20-28 待讨论

如图20-29所示，初稿贴纸意味着PPT本身已经完成，但是其中的数据还在调研中，而目前展示的是初步调研的结果。如图20-30所示，示例贴纸意味着这些数据是仅为举例而假设的，并不是真实的数据，这样可以避免编造内容带来的麻烦。

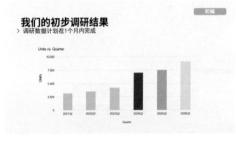

图 20-29 初稿

图 20-30 示例

贴纸的形式应以简单为主，通常放在右上角作为提示。

第21课 如何做封底页设计

本节课正式进入页面设计的最后一个内容——封底页设计。

PPT的封底设计可以根据用户的需求和风格进行多种设计，以下是一些常见的设计建议。

（1）纯文字设计：在封底上直接添加公司的标志、名称或者一句话总结。保持简洁的设计，给观众留下深刻的印象。

（2）使用线条和形状：通过线条和简单的形状（如矩形、圆形）来构成封底，线条可以用来划分空间，强调主题，引导观众的视线。

（3）使用图片或插图：选择与主题相关的图片或插图，可以增加视觉效果，使PPT更具吸引力。

（4）使用渐变背景：通过设置背景颜色的渐变，可以使PPT的封底呈现出层次感和视觉深度。

（5）使用公司的Logo或商标：如果你的公司有独特的Logo或商标，将其放在封底是一个很好的选择，可以强化品牌形象。

（6）添加联系方式或二维码：如果希望观众能够方便地联系你或者获取更多信息，可以在封底上添加联系方式或二维码。

在制作封底时，需要确保设计和内容与演讲主题相符合，还要考虑观众的审美和接受度。同时，封底的设计也需要简洁明了，不要过于复杂或混乱，以免影响观众对主要内容的理解。

如图21-1所示，从封面到目录到过渡，再到内容总结，学到这里，可以找到一些非常重要的规律。

如图21-2所示，大家对这个页面里的词都很熟悉，或许在自己的封底页中也用到过，但是不能乱用，比如：谢谢聆听，聆听的意思是长辈对晚辈、上级对下级的，如果你的汇报对象是上级，就不能使用。

图 21-1 结构图

图 21-2 词语展示

除了上面这些词语，封底页的内容其实还有很多选择。

本节课就为大家总结一下：在什么样的场合用什么样的语言去结尾是恰当、贴切的。

21.1 封底页的价值

一个事物只有确定了它的价值以后，才能知道怎么去用，就好比在看电影结束时，大家都希望有彩蛋，这个时候无论它是怎样的，都会给我们留下不一样的体验。在PPT的末尾也一样，要充分利用最后一页的功效。

接下来将用实际的PPT应用场景进行总结。

※ 应用场景一：提案汇报

如图21-3所示，第一个应用场景是提案汇报，下面有4种关键词，代表了4种方式，也可以进行相互组合，在工作当中会经常用到。

图 21-3 提案汇报

接下来逐个分析它们的用处和呈现方式。

◎ 彩蛋设计

如图21-4所示，one more thing是乔布斯最擅长、最喜欢用的一招，在结尾的时候，他会留下一个彩蛋。

要点在于：在做一个提案或者汇报时，给大家一个意料之外的收获，这个非常重要，尤其是在做一些设计提案时会经常用到。

◎ 传递情绪

如图21-5所示，这一页也属于一种提案，是关于招商的提案，通过文案"将助力你们事业更加辉煌"可以看出，属于提案汇报中的"传递情绪"方式。这种情绪感是非常重要的。

图21-4　彩蛋设计

图21-5　传递情绪

◎ 问题提问

如图21-6所示，Q&A的意思就是问和答，有些时候做提案，内容讲完之后想请现场的听众提出他们的疑问，就可以做一些互动答疑，做汇报也是一样的，这是对听众的一种尊重，因为讲完之后你的受众不一定全部理解所讲的内容。

◎ 呼应主题

如图21-7所示，这个汇报在最后的封底页，与主题进行了呼应。

图21-6　问题提问

图21-7　呼应主题

看完这4种案例，可以知道，提案汇报的封底页可以通过彩蛋设计、传递情绪、问题提问、呼应主题来完善。

※ 应用场景二：培训演说

如图21-8所示，这个场景用到的地方也非常多，无论是老师给学员做课程上的授课培训，还是在企业内部的内训，都用得到。现在的跨年演讲会越来越多，所以演说也经常用得到。

图 21-8　培训演说

接下来逐个分析它们的用处和呈现方式。

◎ 号召行动

如图21-9和图21-10所示，用一句话对大家进行了呼吁，演说时通常都会在结尾进行号召。

图 21-9　号召行动 1

图 21-10　号召行动 2

◎ 总结回顾，课后支持

如图21-11所示，这是一个与课程有关的PPT，首先体现了课程的回顾，下面用4句七律诗句进行了总结。同时，还提供了一些支持，比如把邮箱、联系方式或者网站留给大家。

◎ 金句引用

如图21-12所示，金句的引用可以去鼓励和指引听众。

图 21-11　总结回顾、课后支持

图 21-12　金句引用

※ 场景应用三：产业推介

产业推介是把产品和企业融合起来后得到的一个词语，因为他们比较类似，都是从企业的角度去做介绍和推荐。

如图21-13所示，产业推介下的4种方式也比较常见，比如："Slogan"就是用一句话去说明这家公司是做什么的，相当于是定位。"连接方式"是指如何跟这个企业或产品链接，可以是刷一个二维码或者留下联系方式。在"信息展示"部分可以展示更多产品。

图 21-13 产业推介

简单来说，当我们讲完整个内容后，在封底还要给大家再次去灌输所讲的核心要点，这比直接说一声"谢谢"更有功能性。

如图21-14所示，这是乔布斯在2007年iPhone上面的一个推广，他在上面推广自己的产品，用了一段迷人的话，但这是发布会里倒数第二页的内容。如图21-15所示，这是它的最后一页，由于苹果本身的品牌影响力很强，所以他用一个Logo就解决了所有问题，他其实也告诉我们，Logo代表着的是企业标识。

图 21-14 iPhone 页面 1

图 21-15 iPhone 页面 2

如图21-16所示，如果你不认识这个企业，但是可以通过文字知道它是干什么的，就像右边写的"用自动化改进人们的工作、生活和环境"。如图21-17所示，它的定位是"致力于成为全球新能源领域一流的产品和运营服务商"，非常简洁，只有一句话，在结尾没有留下过多的信息，这样依旧可以让受众对其印象深刻，少即是多。

图 21-16　案例页面 1

图 21-17　案例页面 2

如图21-18所示，这个PPT末尾采取视频的方式，介绍自己是该行业的领航者，给自己了一个定位。如图21-19所示，这个画面中的左边是企业名称，可以看到在这个页面中没有留下太多的信息，而画面中的3D小鸟在动，可以让大家看到，这家企业是非常有趣、非常有活力的。

大部分人可能会认为企业的PPT应该很正式，其实PPT的最后是要有它的传播性的。

图 21-18　案例页面 3

图 21-19　页面案例 4

在这些案例中很少会看到，仅仅用一个"谢谢"来结尾，但这些设计也表达了足够的诚意。如图21-20所示，这个封底页非常简单，有两个主要信息，一个是其自身的定位，另一个是联系方式。

这些应用场景几乎涵盖了大家在职场中可能遇到的所有情况。这些封底页的设计方法都是可以互相借鉴和组合的，不一定是说Slogan就只能对产品或者企业，个人做汇报时也可以有自己的Slogan，也可以定位自己。

结论：让封底页具备功能性。

如图21-21所示，接下来就用这一页进行实操，因为这一页涉及的元素比较特殊，而且还有一个3D效果。具体操作过程请观看教学视频。

图 21-20　页面案例 5

图 21-21　实操参考

需要说明的是，最后只需要把3D文件导入。

在Office 2019及以上的版本中，会有一个新的功能，即3D模型。

找到3D模型，选择其中的库存3D模型单击打开，如图21-22所示。这里都是微软提供的模型库。

在模型库中需要注意，只有左下角带小人标志的才是会动的，不带小人标志的都是静态的。在模型库中找到自己需要的，选中后单击插入即可，如图21-23所示。

图 21-22　模型库

图 21-23　插入模型

PPT封底设计的操作要点如下。

第一，图片比例，图片长高比例较高时，裁切比例选择1:1。

第二，渐变光圈，调整过程中使用到3个光圈。

第三，文字旋转，使用形状格式中的旋转。

21.2　案例1：电影式结尾的封底设计

如图21-24所示。左侧是PPT内容的整体回顾，是视频形式的，右侧模拟了一些文字，像是电影结尾的字幕。这样既可以把今天讲解的内容做一个视频上的快速回顾，同时右侧又可以去感谢参与人员。当感谢结束后，就会落脚到一个金句、一个呼吁或者一个态度都可以，如图21-25所示。具体操作过程请观看教学视频。

这个案例中的核心点是视频的制作方法。

◎ **操作要点**：第一步，视频导出；第二步，素材反射；第三步，字幕文字。

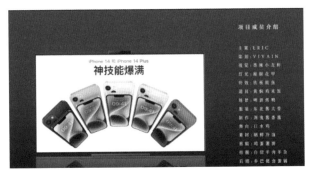

图 21-24　案例效果展示 1

图 21-25　案例效果展示 2

21.3　案例2：大气的封底设计

接下来看一看第二个案例的呈现效果。如图21-26所示，这个作为封底页也非常常见，画面比较大气。具体操作过程请观看教学视频。

图 21-26　案例效果展示 2

这里不再拓展太多，这个案例主要针对的是文字字体的重新设计和文字的渐变。

◎ 操作要点：第一点，文字摆放；第二点，文字渐变；第三点，动画设置。

第4编

动画篇

4

在制作PPT时，动画的使用确实可以为演示增添趣味性，但同时也需要注意一些关键点，以确保动画效果能够有效地增强演示效果，而不是分散观众的注意力。以下是在使用PPT动画时需要注意的几个事项。

（1）明确目的：在决定使用动画之前，首先明确想要通过动画达到什么效果。例如，想通过动画来强调某个要点，或者让观众更好地理解某个过程。

（2）适度使用：动画应当适度，避免过度复杂或过于花哨。太多的动画可能会让观众感到眼花缭乱，而过于简单的动画可能又无法引起观众的注意。

（3）保持一致性：如果PPT中有多个元素同时运动，应确保它们的运动保持一致，以增强视觉效果。

（4）合理安排时间：动画的速度和持续时间应当适中。过快的动画可能会让观众感到紧张，而过慢的动画可能会让观众感到无聊。

（5）简洁清晰：动画应当简洁明了，避免过于复杂或混乱。复杂的动画可能会分散观众的注意力，使他们难以专注于你想要传达的信息。

（6）测试播放：在正式演示之前，多次测试PPT非常必要。这不仅可以帮助你发现并修复可能的播放问题，还可以让你更好地掌握动画的效果和节奏。

（7）适应场景：不同的场合和观众群体可能需要不同类型的动画。例如，在一个正式的商业演讲中，可能需要更专业、更保守的动画；而在一个面向儿童的演示中，可能需要使用更有趣、更生动的动画。

（8）考虑兼容性：确保PPT在不同的系统和播放器上都能正常播放。有些动画可能在某些系统或播放器上无法正常显示。

（9）注意版权问题：在使用任何包含版权内容的元素（如音乐、视频或图片等）作为动画的一部分时，确保拥有合法的使用权或已获得适当的许可。

（10）听取反馈：在演示完毕后，收集观众的反馈，看看他们对你的动画有何看法。如果观众觉得动画效果有助于理解演示内容，说明你做得很好；如果观众觉得动画分散了注意力或没有帮助，则需要考虑改进你的动画策略。

总的来说，恰当地使用PPT动画能够提升演示的专业性和趣味性，但如果使用不当，可能会适得其反。通过仔细考虑上述因素，并确保你的动画与演示内容和风格相协调，就可以制作出既专业又有趣的PPT。

第**22**课 PPT 做动画其实很简单

PPT动画能带来什么帮助?首先来看几组动PPT动画的案例展示。

如图22-1～图22-5所示,这是一家传统工业公司的一页PPT动画效果,展现的是他们现在对时间、空间、速度的突破。可以看出信息和动画之间是相互呼应的。

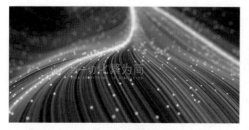

图 22-1　案例展示过程 1

图 22-2　案例展示过程 2

图 22-3　案例展示过程 3

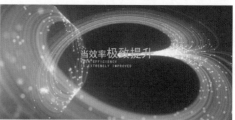

图 22-4　案例展示过程 4

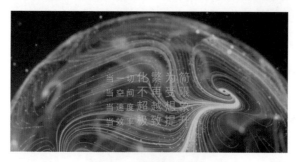

图 22-5　案例展示过程 5

再来看一个案例,如图22-6所示,这张PPT里面首先阐述了一个传统的模式。然后展示现在一个新的模式,如图22-7所示,通过一个扔垃圾的动作去表达,把以前旧有的传统扔掉了,如图22-8所示,同时,也在诉说进化优化的过程。

图 22-6 传统模式

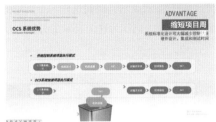

图 22-7 扔垃圾动作

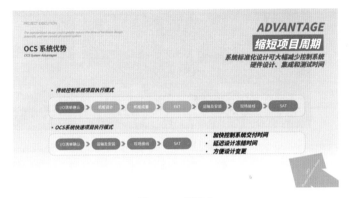

图 22-8 新模式

再来看第三个案例，如图22-9所示，文字内容会从背景中不断地飘出来，具体内容不需要去看，这里重点强调的是这种表现形式，可以将里面的文字变成图片，道理都是一样的，最后留下其中一句非常关键的话，如图22-10所示。通过这个过程，让大家看到类似于一个词云一样的效果。

图 22-9 样式展示

图 22-10 最后的定格画面

做年终总结或者公司年会时，可以让大家的心声，用这种效果呈现出来。

为幻灯片做动画的目的：为了更好地引导观众。

22.1 动画案例实操1：层次动态化

如果是第一次做动画，从简单的动画入手很快就可以掌握。如果已经用过动画了，也需要从简单的动画开始，因为动画不是一个简单的技术问题，而是一个逻辑问题。

如图22-11所示，回到这样一个所谓的标题，称为层次动态化，就是四化原则的最后一化，以这个动画为例作为这个篇章的开始。动画视觉画面如图22-11所示，具体操作过程请观看教学视频。

图 22-11　准备好的页面

22.2　动画案例实操2：文字动画

首先来看一下案例效果，这是一个比较综合的文字动画案例。具体操作过程请观看教学视频。

案例效果如图22-12所示，这是一个长构图，在当前画面中，左右上角分别有Logo和Slogan，在下面还标注了中国上海。

接下来开始动画的演示，如图22-13所示，单击一下会浮现这样一句话。

图 22-12　案例 2 效果展示 1

图 22-13　案例 2 效果展示 2

如图22-14和图22-15所示，再次单击，上一句的字开始慢慢消失，出现第二句话。

图 22-14　案例 2 效果展示 3

图 22-15　案例 2 效果展示 4

再次单击，上一句的字开始慢慢消失，出现了第三句话，如图22-16所示。

再次单击，上一句的字开始慢慢消失，出现最后一句话，如图22-17所示。类似于一种发布会的宣传片，通常到这里之后，再出现的就是你的产品了。

图 22-16　案例 2 效果展示 5

图 22-17　案例 2 效果展示 6

只要把案例的逻辑理顺，动画也就学会了。

PPT里的动画并不复杂，无非就是调整一下播放顺序和起始位置。

22.3　灵动的动画——擦除

如何用PPT做出灵动的动画？如图22-18所示，先来看擦除动画，这是常用的一个动画类型，主要用于模拟生长动画，如数据的增长、路径的出现等。

如图22-19所示，这张幻灯片想表达一个新的交通工具——磁悬浮，一个小时可以运行600公里。

图 22-18　擦除动画

图 22-19　案例动画过程 1

单击一下，如图22-20所示。通过一条简单的弧线表达开车需要的时间很长，大概要14h1min。

单击一下，如图22-21所示，如果是坐动车，需要5h30min。

图 22-20　案例动画过程 2

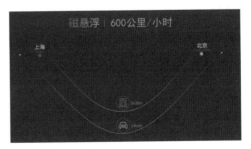

图 22-21　案例动画过程 3

单击一下，如图22-22所示，如果坐的是复兴号，只需要4h18min。

单击一下，如图22-23所示，现在由于出现了磁悬浮，上海到北京只需要3.5个小时。这样通过一个简单的动画，就把这个故事阐述清楚了。

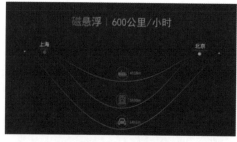

图 22-22 例子动画过程 4

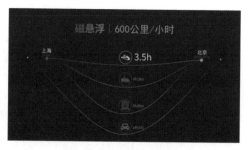

图 22-23 例子动画过程 5

这页幻灯片其实就是运用了非常简单的插入动画，把更多的语言通过动画去表达，这就是灵动的点。所以动画不是为了加而加，而是为了更形象地去表达我们想要表达的话术。

动画设置完毕后，进行播放，可以看到它们在显示效果上是不一样的，因为磁悬浮的线更短，在同样的时间里反而显得更慢，如果使用这种表达方式，其实是不够精准的。速度快的显示反而慢了，所以这时就需要将距离远的线的持续时间加长，距离短的线的持续时间减短即可。

在这个案例中，笔者将4条线从长到短的持续时间分别设为3.5s、3s、2s、0.5s，这里需要注意重新调整时间后，动画方向也要重新设置。具体的持续时间需要依照情况所定。

这样，这个案例效果就制作完毕了。

22.4 灵动的动画——淡出

淡出动画多用于模拟对象比较轻柔自然地出现或者消失的动画。具体操作过程请观看教学视频。如图22-24～图22-27所示，相信这个动画大家不会陌生，展现波光粼粼的效果后，下面的鲸鱼就出现了，文字也随之出现。

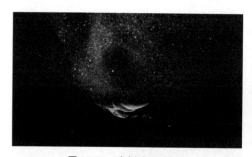

图 22-24 案例动画过程 1

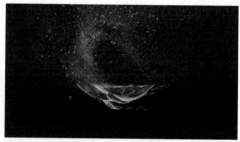

图 22-25 案例动画过程 2

图 22-26　案例动画过程 3　　　　　　图 22-27　案例动画过程 4

　　要制作这个动画，首先要有视频素材，通过播放视频素材，可以看出素材在播放的第一秒是有停顿的，但是在案例中播放时，一开始就出现波光粼粼的感觉，没有停顿。

　　接下来完成这个案例的制作。这个案例看起来有点麻烦，但实际上逻辑很简单，就是在视频开始增加了一个淡化效果。淡化效果尤其适用于在视频中两个素材的结合时使用。

22.5　灵动的动画——路径

　　路径动画多用于模拟有明确运动轨迹的动画，比如滚动的照片墙。具体操作过程请观看教学视频。

　　路径动画可以在一张幻灯片中添加更多的照片，同时又可以让受众都看得到。如图22-28～图22-31所示，这是一种常见的滚动方式，照片从右边进入，然后一直向左运动，这种形式可以让大家看到更多的照片类型。

图 22-28　案例动画过程 1　　　　　　图 22-29　案例动画过程 2

图 22-30　案例动画过程 3　　　　　　图 22-31　案例动画过程 4

至于照片多大多小或者从哪里开始，只要学会路径，这个问题不大。

路径动画的核心点：第一，红色箭头控制的是最后停留的图片位置，而绿色箭头控制的是开始图片的位置。第二，在效果选项对话框中，开始平滑和结束平滑要归零。

22.6 灵动的动画——放大缩小

放大缩小动画多用于模拟全屏画面停留时的效果，俗称"呼吸感"。它是一个强调性的动画，具体操作过程请观看教学视频。

如图22-32所示，注意背景的天空，如果停留在那里完全不动，就会显得很呆板，但是案例中的星空有一种忽远忽近的感觉，就像一个镜头在拉伸，这样就会显得更有呼吸感，即便停留在这一页中也不会显得单调。如图22-33所示，一只手会感觉前面跟你越来越近的效果，这就是呼吸感。

图 22-32 案例效果展示

图 22-33 案例效果展示

第23课 用动画细节让 PPT 出彩（触发）

本节课继续学习PPT里面的动画——触发动画。

学习目的：希望读者学会这个动画后，在今后的汇报和演讲过程中，同听众有更深的交流。本节课准备了两个常见的案例。

23.1 触发案例展示1——团队介绍

如图23-1所示，这张幻灯片的内容是介绍团队的人物。具体操作过程请观看教学视频。

如图23-2所示，现在的光标是一个箭头。

如图23-3所示，当光标移动到第一个人物的名字上时，箭头变成了小手。

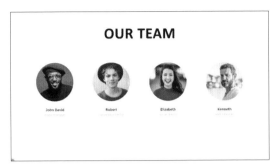

图 23-1 介绍人物

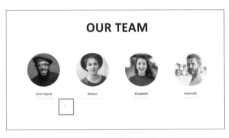

图 23-2 光标箭头

图 23-3 光标小手

单击可以发现这个人物的头像变大了，同时会弹出一个篮球，如图23-4所示。这里的篮球是指他的兴趣爱好。再次单击，他就会变回最开始的样子。

光标移动到图片、标题、岗位上时，都不会变为小手，只有移动到名字上时才会变成小手，而小手代表了这个地方可以单击。这就是做了一个触发动画。依此类推，单击后面3个人物的名字时也会出现同样的效果，头像放大，出现自己喜欢的运动项目。再次单击也会同样消失。也就是说，只要设置好了触发，在当前页面可以不断地循环展示。

如果想要在该页面中详细介绍某个角色，可以将其他的动画效果关闭，只保留需要介绍的角色的动画，如图23-5所示。

图 23-4 单击之后的画面

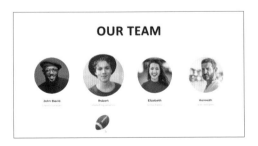

图 23-5 单独打开某个角色

这样可以让创作者更好地去做一些交互动作，这个就是触发。

单击"确定"后，这时只有单击选择的触发器时，才会发生放大/缩小动画。单击"播放"，可以看到进入之后光标还是箭头，但是将光标放在第一个人物的名字上时，箭头变成了小手，单击头像就会放大，这就是触发动画。这里除了放大的动作，还有缩小的动作，接下来就进行缩小动作的设置。

再次单击选中第一个头像，在添加动画中进行第二个动画的添加，仍然选择放大/缩小。

23.2 触发案例展示2——企业介绍

在很多企业介绍中，会用到触发操作，去介绍自己的一些产品。

如图23-6所示，虽然当前用的是风景图片，但是方法是一样的。在页面上有4种颜色图标，除了是颜色也可以是文字，还可以是图片，任何元素都可以。如图23-7所示，单击橙色，就会对应出现相应的图片及文字介绍。具体操作过程可观看教学视频。

图 23-6　案例首页

图 23-7　单击橙色

如图23-8所示，单击紫色，就会对应出现相应的图片及文字介绍。

如图23-9所示，单击灰色，就会对应出现相应的图片及文字介绍。

图 23-8　单击紫色

图 23-9　单击灰色

只要学会这个案例，不仅可以对触发进行强化，也可以把很多PPT里动画的综合因素整合到一起。这个动画除了对于触发操作进行了复习，也在重复强调关于选择窗格的灵活运用。

本节课讲的内容是超链接的技术。

超链接的核心作用：打破线性工作流程。

线性的工作流程：PPT是一页一页地像一条线一样往下面一直走的。

比如，在PPT第1页时，能不能直接跳转到第7页？这种情况一般在内部交流、做提案的时候给客户介绍方案，然后客户针对某一个方案，想要再去看的时候，可以直接回到某一个模块，通过做交互让用户有更好的体验。

23.3 超链接案例展示——企业介绍

如图23-10所示，这是一份关于企业的介绍，比如说这个公司是做什么的，这里只用了一些文字去替代。需要注意的是页面顶部的地方，这里做了几个标签，类似于网页的链接。如图23-11所示，这里其实就是一个文字加了一个框。具体操作过程请观看教学视频。

图 23-10　首页面

图 23-11　标签展示

如图23-12所示，将光标移动到标签上面会变成一个小手，代表它是有链接的。

比如：想直接链接到"智能数据"页面，如图23-13所示。

图 23-12　光标变成小手

图 23-13　"智能数据"标签

单击一下，就会直接跳转到"智能数据"页面，如图23-14所示。

想直接跳转到"智能管理"页面，同样直接单击一下即可，如图23-15所示。

图 23-14　"智能数据"页面

图 23-15　"智能管理"页面

单击案例展示，可以直接跳转到"案例展示"页面中，如图23-16所示。

图 23-16 "案例展示"页面

同样，想看哪个页面单击一下就可以切换过去。

注意：还有一种情况是在项目中会经常遇到的，刚才做的就是链接的技术，每一页只有一个标签，每一个标签只有一页。如果在一个章节下面有很多页，如图23-17所示共有7个模块，每个模块中都有一个章节，每个章节里面都有很多页面。这种情况下如果每一页都要做链接，则需要做特别大的链接平板，并不现实。接下来就对这个问题进行解决。

图 23-17 7个模块

比如第一个要讲3D动画，单击一下，就可以直接进入3D模块了，然后直接一页一页去讲，讲完之后就会自动回到目录部分，也就是有7个模块的页面，可以重新选择要讲的内容，讲完之后同样会回到目录部分。

这是超链接非常重要的一个价值板块。

后面的设置依此类推，也就是说，要把对应的内容都通过幻灯片放映里的自定义去操作，再通过自定义放映去新建，将一个章节中的所有页面添加进去，并且重命名。实际上就是把它们在一个章节内打一个包，然后链接的就是这个包。

23.4　触发和超链接案例——干货知识

这个案例是非常综合的，如果可以把这个案例完成，基本上就已经完全掌握了触发及链接操作。这是一个关于内容的展开，共有4个部分，第一个是干货知识，里面讲到了4个点，如图23-18所示。具体操作过程请观看教学视频。

单击左上角像轮子的这个地方，可以切换其他部分。如图23-19所示，单击之后就会切换到之前单击的部分。这个其实就是一个链接。

图 23-18　干货知识

图 23-19　第二部分

然后单击进入第三部分，如图23-20所示。

然后单击进入第四部分，如图23-21所示。

图 23-20　第三部分

图 23-21　第四部分

单击中间的部分，还可以将轮子收回，如图23-22所示。再次单击就会出现。这就相当于是一个触发。

这个案例留给大家作为作业来完成。接下来给大家介绍几个关键点。

如图23-23所示，具体颜色已经标注清楚。

注意：关于背景颜色，可以直接将幻灯片中设置好的颜色复制到所制作的幻灯片中直接使用，如果想要自己制作，这里为大家介绍制作的方法。

图 23-22　单击收回

首先新建一张幻灯片，然后设置渐变填充，然后将如图23-24所示的颜色复制粘贴到新建的幻灯片当中，用这两个颜色做渐变色。

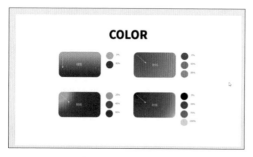

图 23-23　颜色展示

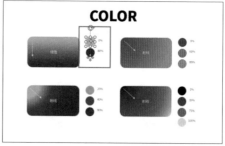

图 23-24　颜色块复制粘贴

在渐变光圈中利用取色器吸附复制过去的颜色，这样颜色就得到了。"参考中"上面有一个向下的箭头，名为线性，也就是该背景颜色所需的类型和角度，如图23-25所示。

参考中颜色下面的0%、80%代表的是颜色所在的位置，如图23-26所示。

图 23-25　类型和角度

图 23-26　光圈位置

依照参考中的属性，这样就得到了第一个背景，如图23-27所示。然后就可以在背景上去制作了。

再来制作第二个背景。首先新建一张幻灯片，然后将参考复制过来，如图23-28所示。

图 23-27　第一个背景

图 23-28　参考复制粘贴

选择渐变填充，利用光圈中的取色器，依次吸取3种颜色，如果光圈不够，单击就会自动创建一个新的光圈。

颜色设置完毕后，根据"参考中"光圈的位置进行调整，分别为0%、60%、85%，这样颜色就设置完毕了，如图23-29所示。

接下来可以看到参考中标注的是射线，然后在类型中将类型改为射线，射线可以做从一个角落到另一个角落进行变化的效果，在参考中，射线的箭头是从左上到右下的，在"方向"中找到从左上角，选择即可，如图23-30所示。

图 23-29　颜色设置完毕

图 23-30　类型和方向选择

这样就实现了参考中的背景颜色效果了，如图23-31所示。

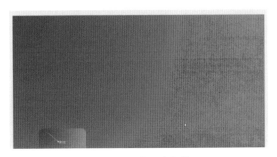

图 23-31　第二个背景

注意：如图23-32和图23-33所示，可以发现这个文本框无论放在哪里都可以接受背景的颜色。

图 23-32　文本框效果展示 1

图 23-33　文本框效果展示 2

这是一个比较重要的操作技巧。首先插入一个文本框，然后在文本框中任意输入几个字，如图23-34所示。将文字设置为加粗的字体、居中、字号稍微大一点，将颜色设置为白色。然后在形状格式中为文本框添加一个白色轮廓，如图23-35所示。

然后在形状格式中的编辑形状里，选择更改形状中的圆角矩形，给矩形文本框添加圆角。这样就更好看了。通过观察可以看到文本的位置有点偏下，只需要在对齐文本中选择中部对齐即可，如图23-36所示。

图 23-34　插入文本框并输入文字　　　　　　图 23-35　添加白色轮廓

接下来制作案例中文本框发光的效果。选中文本框，右键菜单打开设置形状格式，首先选择幻灯片背景填充，如图23-37所示。然后就可以实现文本框无论放在哪里都可以接受背景的颜色。

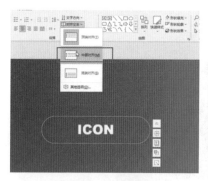

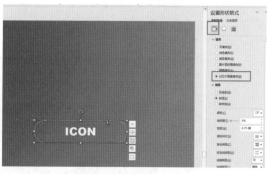

图 23-36　文本居中　　　　　　　　　　图 23-37　幻灯片背景填充

然后进入设置形状格式的效果中，添加阴影，在预设中找到一个向内的阴影，将阴影颜色修改为白色，最后调整模糊值，让白色的区域更大，如图23-38所示。设置完毕后，可以在线条的宽度中调整线条的粗细，如图23-39所示。这里根据画面需要去调整即可。

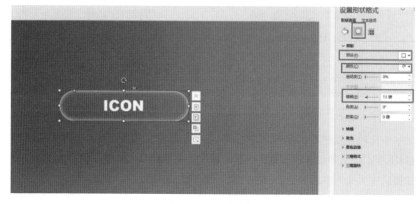

图 23-38　阴影设置

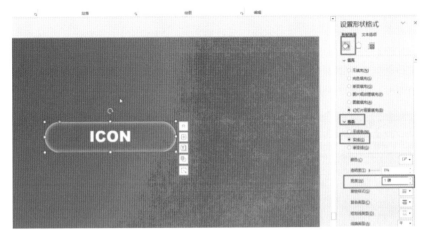

图 23-39 调整线条宽度

注意：第三个重要的提示如图23-40所示，即这个环的制作方法。

首先插入一个图表里的圆环，如图23-41所示。

图 23-40 环展示

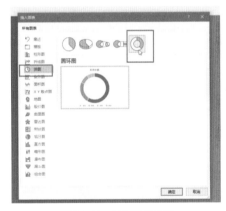

图 23-41 插入图表圆环

插入之后，需要四均等份，所以在数据中将4组数据都设置为一样的，如图23-42所示。这样就变成四均等份了，如图23-43所示。

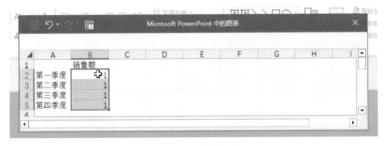

图 23-42 数据设置

如果数据输入得不对，可以在图表设计中的标记数据中打开Excel表格重新更改数据。然后在图表元素中，将不需要的元素关闭。这样就得到了一个没有多余元素，并且是四均等份的圆环，如图23-44所示。与案例中的圆环相比，现在的圆环"太瘦"了，所以接下来需要对其宽度进行调整。选中圆环，右键菜单打开设置数据系列格式，然后调整圆环大小，调整到合适数值即可，如图23-45所示。

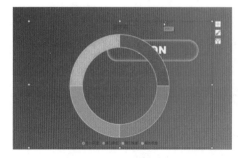

图 23-43　四均等份

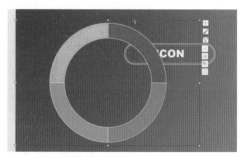

图 23-44　无多余元素

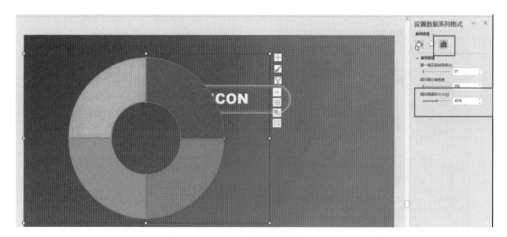

图 23-45　设置圆环大小

参考案例的设置，需要将圆环设置为幻灯片背景填充，然后进入到填充中，可以看到没有幻灯片背景填充。

注意：这里只是借助于数据图表去完成这个基础造型。

接下来进行重要的一步。选中圆环按Ctrl+X组合键剪切，在粘贴时选择"选择性粘贴"，然后选择SVG格式，如果使用的是WPS，可以选择增强型图元文件，然后单击"确定"按钮，这个圆环就会重新进来，而且现在它已经是一个图形了。现在它是一个整体不易编辑，这时只需要选中然后右键菜单找到组合，选择"取消组合"命令，这时就可以单独选中某一个模块了，如图23-46所示。然后依次为4个模块添加幻灯片背景填充，在阴影中依次为这4个模块设置内阴影，将颜色修改为白色，这样圆环效果就设置完毕了，如图23-47所示。

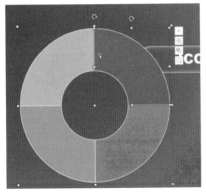

图 23-46　取消组合

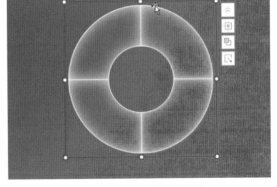

图 23-47　圆环效果设置完毕

三个重要提示讲解完之后，剩下的就作为作业留给大家。

第24课　PPT 可视化数据动画

从本节课开始，需要跟数据打交道。

在PPT中进行数据可视化时，需要注意以下几点。

（1）明确数据展示目的：在开始数据可视化工作前，需要明确数据展示的目的。是为了展示销售趋势、用户增长，还是为了揭示某种关系或规律。只有明确了目的，才能正确地选择合适的图表类型。

（2）选择合适的图表类型：针对不同的数据和展示目的，有多种图表类型可以选择。例如，柱状图适用于对比不同类别之间的数据，折线图适用于展示随时间变化的数据，饼图适用于展示部分与整体的比例关系。需要根据实际情况选择合适的图表类型。

（3）数据准确性和完整性：确保用于可视化的数据准确和完整。缺失或错误的数据可能导致图表无法正确反映实际情况，从而误导观众。

（4）简洁明了：尽量使用简洁的图表，避免过度复杂化。过于复杂的图表可能会使观众感到困惑，无法快速理解图表所要传达的信息。

（5）对比度和清晰度：确保图表有足够的对比度，以便在演示时更容易被观众看到和理解。如果使用彩色图表，确保颜色有足够的对比度，并考虑将颜色方案设置为自动调整，以便在黑白打印时仍能清晰可见。

（6）适当调整格式：适当调整图表的大小、颜色、字体等格式，使其符合整体PPT的风格和布局。

（7）提供必要的解释和说明：在图表下方或旁边添加必要的解释和说明，帮助观众更好地理解图表所要传达的信息。

（8）测试和修正：在完成数据可视化后，需要在PPT中测试，确保一切正常。如果有需要，可以对图表进行适当的修正，以便更好地适应整个演示。

遵循以上几点，可以制作出高质量的数据可视化内容，为PPT演示增添更多说服力。

所谓数据可视化，就是把一些复杂的、生涩的、抽象的概念具象化，将其变得更加形象，让人们更容易获取到这些信息。这就是一个可视化的过程。

万物皆可可视化，接下来给大家分享一些数据可视化设计方案。

如图24-1所示，可以看到，在生活中如果要去形容一个数据的比例或者这个数据的增长或衰减，可以发现，直接用生活元素就能完成。

如图24-2所示，甚至还可以通过自己拍摄，然后把你的一种数据比例配合人物展示，但是现在可以看到案例中既有饼图、柱形图，还有发生变化的柱形图，这些都是把传统的数据呈现变得更加生动。

图 24-1　案例 1

图 24-2　案例 2

如图24-3所示，甚至可以把自己的头反过来，拍个照片，然后染上不同的颜色，给它一个不同的比例。

案例中所有的设计，都是为了让数据变得更加直观、生动、有趣。

但是数据可视化还有更重要的几个目的，分别如下。

第一，引导关注。

第二，传达发现。其实数据本身是没有意义的，只有我们认为这个数据经过分析后，哪些对结果或者对我们产生帮助的信息，是需要分享给受众和听众的。所以需要利用可视化的方式去传达你发现的内容。

举一个例子，如图24-4所示，左边的表格只是一个表格，这个表格中可以看到的只是2010年到2022年，年份及其对应的数量。如果将其变成可视化也就是右边的图表，也可以一目了然，可以看到它的增长趋势，最后的3100数据进行了强调。

对于这张图大家应该不陌生，在第一部分的章节中一开始就讲过，提升信噪比，也就是说把那些干扰信息弱化，强调重要的信息。并且这个图中可能对于3100这个数据印象最深刻，这是一种引导。除了这些，甚至还可以做到动态性的引导性，如图24-5～图24-7所示，这个数据一旦动起来，就会变得更加直观。

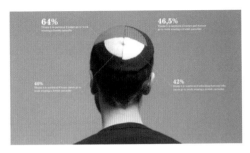

图 24-3 案例 3

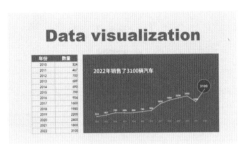

图 24-4 案例 4

图 24-5 动态效果 1

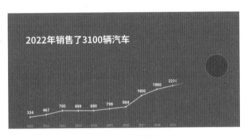

图 24-6 动态效果 2

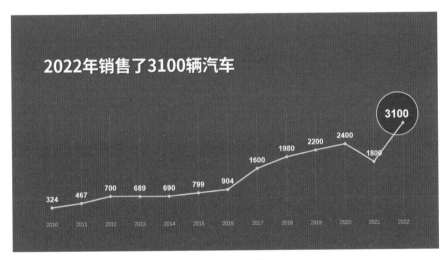

图 24-7 动态效果 3

接下来学习两个比较重要的技术操作。

24.1 数据可视化动画——数字滚动

通常，在数据可视化中经常用到数字滚动。

如图24-8～图24-10所示，以MacBook为例，表示其价值多少钱，一开始RMB的字母出现，然后数字开始滚动，最后定格在7999。

图 24-8　案例动态过程 1

图 24-9　案例动态过程 2

图 24-10　案例动态过程 3

接下来开始制作数字滚动效果。

案例中的背景刚好是纯色的，可以通过矩形去遮挡，但是很多时候背景不一定是单色的。
如图24-11所示，背景中有图片，难度提升了，也要做这种数字滚动的数据可视化。

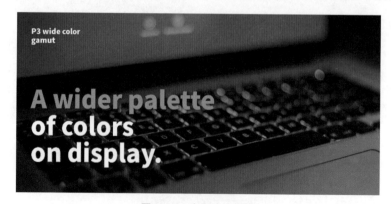

图 24-11　有图片的背景

如图24-12～图24-14所示，这样的背景也可以做出数字滚动效果。

图 24-12　案例效果过程展示 1　　　图 24-13　案例效果过程展示 2　　　图 24-14　案例效果过程展示 3

接下来学习如何在图片背景上实现数字的滚动。

24.2　数据动画

首先来看一些比较常见的图表动画。如图24-15～图24-19所示，这些都是比较光滑的折线图。

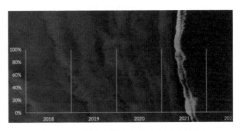

图 24-15　数据动画案例 1 过程展示 1　　　　　图 24-16　数据动画案例 1 过程展示 2

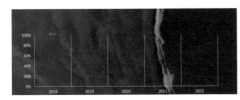
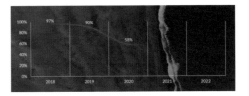

图 24-17　数据动画案例 1 过程展示 3　　　　　图 24-18　数据动画案例 1 过程展示 4

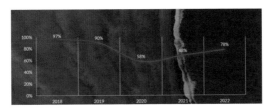

图 24-19　数据动画案例 1 过程展示 5

如图24-20～图24-22所示，仍然是变得比较光滑、对应着数据的折线图。

图 24-20　数据动画过程展示 1　　　图 24-21　数据动画过程展示 2　　　图 24-22　数据动画过程展示 3

133

如图24-23～图24-25所示，首先出现背景，然后在折线出现时有一些发光的效果。

图24-23　数据动画案例过程展示1

图24-24　数据动画案例过程展示2

图24-25　数据动画案例过程展示3

如图24-26～图24-28所示，上面写了一个词"生长动画"，所有的柱形是从下面生长出来的。

图24-26　数据动画过程展示1

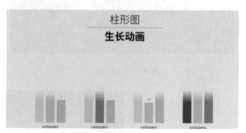

图24-27　数据动画过程展示2

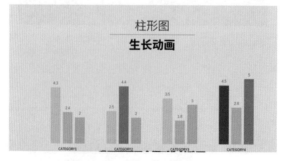

图24-28　数据动画过程展示3

其实看起来有各种各样的动画，其实它们都是统一用了一个动画元素。

◎ 三大概念

这里重点学习3个概念：类别、系列、元素，然后就可以轻松地实现数据图表动画了。这3个概念的具体意思，用最后的柱形图案例进行解释。如图24-29所示，首先前面所有的动画都使用了一个名为擦除的动画，在使用它之前需要观察，单击播放，默认是不具备动画的。

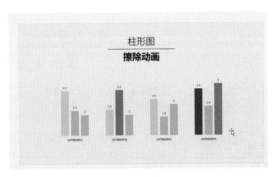

图 24-29　柱形图

但是只要选中数据图表，然后在动画菜单中找到擦除，就可以完成动画，如图24-30所示。需要注意一点，擦除是有方向的，默认是从下往上，称为生长型动画。在图表中明显可以看到有不同的数据，前面讲过要用同类的数据去比较。

第一个概念，刚才给的擦除就是统一一起长起来的，所以称其为整体，如图24-31所示。

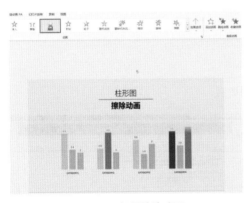

图 24-30　设置擦除动画

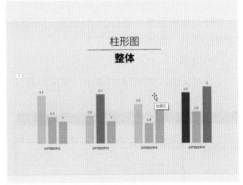

图 24-31　整体

当设置了擦除动画以后，就可以打开效果选项，可以看到其中有一个序列，默认是作为一个整体的对象出现。下面是刚刚介绍的3个概念，系列、类别、元素。

◎ 系列

如图24-32所示，这是按照序列设置的。单击鼠标，背景会先出现，然后再次单击，同一组系列的数字就会出现，如图24-33所示。

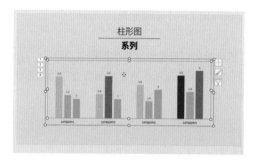

图 24-32　按照序列

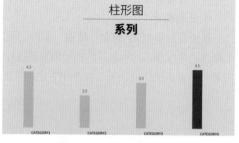

图 24-33　第一组系列出现

再次单击，第二组系列就会出现，如图24-34所示。再次单击，第三组系列就会出现，如图24-35所示。

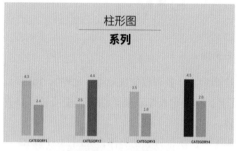

图 24-34　第二组系列出现

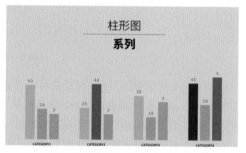

图 24-35　第三组系列出现

打开编辑数据，如图24-36所示，可以看到，这样的一列就是一个系列。在一列当中同时出现的动画，称为系列。

◎ 类别

反过来说，如图24-37所示，横向的就是它的类别。

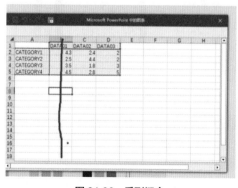

图 24-36　系列概念

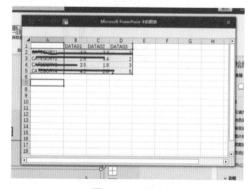

图 24-37　类别

接下来播放案例，进入到类别环节。如图24-38所示，单击鼠标背景先出现，再次单击，第一类的数据就出现了。通过单击，依次出现后3个类别，如图24-39所示。

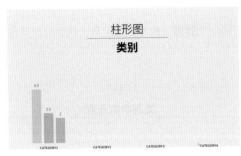

图 24-38　第一类数据

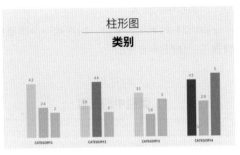

图 24-39　后三类数据

类别就是以横向为单位同时出现的数据。

◎ 元素

接下来学习第三个概念：元素。

· 系列中的元素

如图24-40所示，系列是在同一列中的几个数据同时出现，但这里还有下一个层级，即元素。如图24-41所示，单击后出现背景，再单击，可以看到只出现了一个数据。

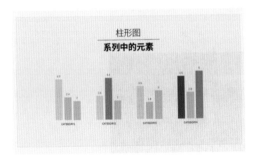

图 24-40　系列中的元素

图 24-41　出现一个数据

如图24-42和图24-43所示，再次单击三下，后3个数据才会出现。

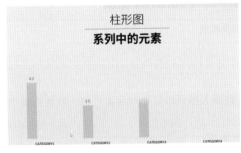

图 24-42　后 3 个数据出现 1

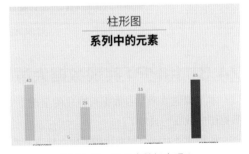

图 24-43　后 3 个数据出现 2

可以看出，仍然是处于一个系列的比较，但是可以把这个系列再进行细分，一个一个地单独出现。这就是元素级别。

· **类别中的元素**

如图24-44所示，单击，出现第一个类别里的第一个数据。接着依次单击，就会出现其他数据了，如图24-45所示。

图 24-44　第一类别中的第一个数据

图 24-45　第一类别中的其他数据

这就是类别中的元素、动画效果。看完这几种方式后，就可以知道，一般情况下按照系列去比较就可以了。这就是在数据图表动画中系列、类别及其对应的元素概念。

如图24-46所示，折线图相对于简单一点，它不像柱形图，有很多的数据可以去做比较，折线图通常只有一根、两根或者三根。

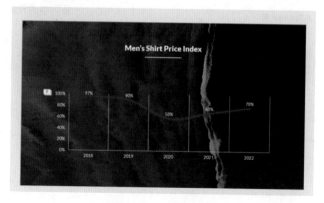

图 24-46　案例展示

24.3　用PPT实现数据大屏

本节课继续来学习数据可视化的呈现方式：数据大屏可以简单理解为：把一堆数据或者数据图表放在一页PPT上。

如果读者对这个画面比较陌生，接下来看一些案例。

图24-47所示为金融的可视化，上面是一些数据，便于实时观察和分析。图24-48和图24-49所示为一个财务的复盘，上面也是一些核心的营收数据，包括成本。

图 24-47 案例 1

图 24-48 案例 2

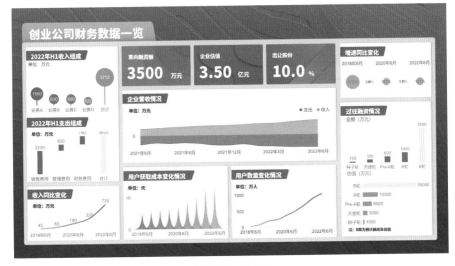

图 24-49 案例 3

　　这些案例无非就是把大量的数据放在了一张图上面。数据大屏也可以称为数据看板，既有深色的，也有浅色的。图24-50所示为深色的数据看板，图24-51所示为浅色的数据看板。

图 24-50 深色数据看板

图 24-51 浅色数据看板

　　图24-52和图24-53所示为医疗中心的实时监控数据，是以动态化的方式呈现的。

图24-52　医疗中心的实时监控数据1

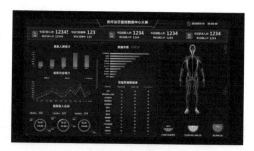

图24-53　医疗中心的实时监控数据2

看完这些案例，可以知道，数据大屏其实是有分类的，功能性也不同。接下来就简单做一个分类。

◎ **数据大屏类型**

数据大屏通常分为三大类：展示类、分析类、监控类。

展示类简单来说就是给领导看的，同时展示类也是日常工作中使用比例最高的一类。

分析类主要用于一些财务的数据分析，做完财报之后针对某些数据进行交互性设计。分析类其实就是在展示类上做了升级，增加了更多的交互属性。比如，对某一个数据感兴趣，就可以单独对这个数据进行详细的、深入的探讨。

监控类就是前面案例中看到的医疗数据，还包括军事数据、交通数据、旅游数据等，在需要监督把控的情况下，都会用到数据大屏。

数据大屏在实际应用中，首先根据你所在的行业或者领域，把需要展示的数据筛选出来，然后进行主次的布局分配。分配好之后，由设计师对界面进行设计，然后还需要IT技术将视觉通过写代码的方式呈现出来，从而能够进行实时的、动态的变化。

讲完上述不同的类型后，接下来给大家看一下发布会上经常能看到的数据大屏，如图24-54所示，可以看到里面有很多图形图像素材，无论用哪种方式，它们都有共同的特点。

图24-54　发布会

在PPT里重点需要介绍第一个类型：展示类，在日常工作经常被用到。

◎ 模块化设计

通过案例可以看出，它们其实都有一个统一的要素：模块化设计，如图24-55所示。

实际上，它们都是由一个个模块组成的，如图24-56所示，以金融态势的可视化设计为例进行拆分，这样就会发现它就是这样的一个模块。

图 24-55　模块化设计

图 24-56　模块化 1

如图24-57所示，在前面看到的员工数据看板里，经过拆分，可以很明显地看出内容是由模块组成的。

◎ 装饰性元素

简单来讲，就是由N多个拼图拼成一张图而已。此外，还可以加一些适当的修饰，如图24-58所示，加了一个边框。

如图24-59所示，在保证内容不变的情况下，再更换一种边框的装饰元素，这种元素会显得科技感更强，因为很多时候数据大屏给人的第一感觉还是偏科技感、偏酷炫的。

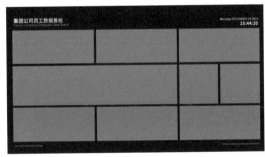

图 24-57　模块化 2

图 24-58　增加修饰

图 24-59　更换修饰

如图24-60所示，关于这种科技感的边框，这里已经给大家准备好了10套非常常用的数据大屏边框。

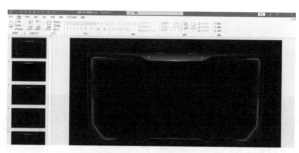

图 24-60　边框素材

可以把这种边框理解为一个屏幕，因为数据大屏有时也称为驾驶舱，就像坐在一个驾驶室里，通过这个窗口去观察监控数据。

关于素材框的使用，只需要复制并粘贴到相应的页面中，然后调整大小即可，这个只是作为装饰性的元素，非常简单，只需要知道如何去用就可以了。讲完装饰性元素后，重点讲解如何实现这样的一个数据看板。接下来给大家分享一个一键搞定数据大屏的方法，即使用PPT中的加载项功能。

◎ **加载项**：快速实现数据大屏

这个功能可以快速加载数据大屏，而且还可以让数据实时动态更新。

首先来看一下效果，如图24-61～图24-63所示，首先进入一个页面，然后可以注意到好像在刷新什么，接下来就会出现一个数据大屏，其实这就是基于一个网页的刷新。

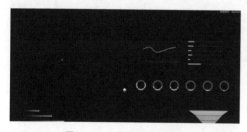

图 24-61　案例过程展示 1

图 24-62　案例过程展示 2

如图24-64所示，将鼠标光标移动到对应的区域，数据上面就会发生一些互动，要实现这种效果，前提是必须能上网。

图 24-63　案例过程展示 3

图 24-64　数据互动

接下来看如何去实现它。

24.4 如何制作数据大屏

利用网站资源直接使用它，这个非常方便。如果没有会员或者不方便上网，也可以自己制作。接下来学习如何制作数据大屏，首先梳理流程。

◎ 流程

在制作的时候，简单来说就是4个步骤，如图24-65所示，首先把模块定下来，再进行接下来的3个步骤。

图 24-65　制作流程

定模块，简单来说只有两个重点，第一个是关键指标，因为不同的公司、不同的领域有不同的关键数据指标，所以要把关键指标先罗列出来。第二个是主次关系，关键指标罗列出来后，就需要区分哪些是主要的，哪些是次要的，主要的就放大一点，次要的就放小一点。接下来举一个案例，如图24-66所示，这个案例相对比较均衡，模块大小都差不多，里面没有特别核心的数据，所有数据基本上都是可以提供参照的。好比第一行表达出了完成度，分别为量的、额度的、利润的，接着还有实际销量和利润的总结，后面还有员工具体情况的分析。

这个案例的制作非常简单，第一步只需要在当前画面插入一些矩形，如图24-67所示。

图 24-66　定模块案例

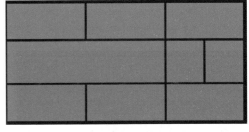

图 24-67　在页面中插入矩形

这一步根据自己的数量去添加排布即可。摆放好之后就可以进入到放数据、做美化、给动效的过程，具体操作请观看教学视频。

至此，我们就通过交互的方式，把手动制作数据大屏的流程基本讲解完了，可以发现，其实还是基于过去学过的内容，只是将其进行了一个组合。

◎ 浅色数据大屏制作

做完深色数据大屏之后，接下来就把它变成浅色的，如图24-68所示。内容是完全一致的，包括交互动画也一样。

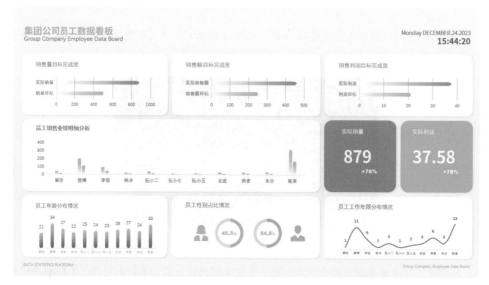

图 24-68　浅色数据大屏

24.5　动态数据

本节课补充一个关于数据可视化的方法：动态数据，就是将批量的数据动态地去呈现。这样能够观察一些大数据的整个发展历程或者增长趋势。

先来看一个实际的案例，如图24-69和图24-70所示，当前页面左侧标注了是2002到2021年主要城市的GDP变化，有接近20年的数据，这个数据如果自己去做，非常困难，是一个非常耗时的工作。要做到每一年的数据填入，而且右下角还有一个城市的更新变化。

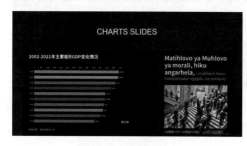

图 24-69　案例过程 1

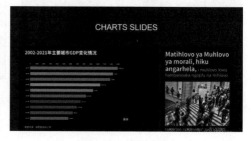

图 24-70　案例过程 2

想要快速实现案例中的效果，还需要借助工具。在讲解工具之前，注意左下角，可以看到数据不是随便杜撰的，而是来自真正的国家数据统计局，如图24-71所示。当然这些数据都是公开的。

如图24-72所示，也可以通过这种样机的形式去套用数据的变化。它可以很明显地让我们看到数据的一种变化趋势。

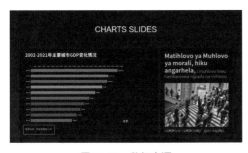

图 24-71　数据来源

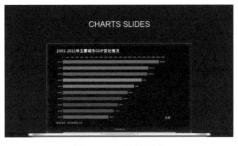

图 24-72　样机形式

需要了解这样一个数据网站：data.stats.gov.cn，这是政府的网站，如图24-73所示。

如图24-74所示，打开就是这样一个国家数据网站。

图 24-73　网站推荐

图 24-74　国家数据网站

有时可能会因为计算机中安装的杀毒软件而进不去，把杀毒软件关闭就可以进入了。进入之后，里面的数据是公开的，在这里可以基本上查到日常能够看到的数据，而且都是真实数据。比如，在地区数据中可以看到，主要城市月度、年度价格，如图24-75所示。

单击进入年度数据，如图24-76所示，每个城市可以从人口就业、房地产等方面去查看，这里选择默认设置即可。

图 24-75　地区数据

图 24-76　年度数据

还可以在这些数据的基础上进行更改数据、导入数据等操作。也可以利用PPT进行数据动画的录制，将录制好的视频进行剪辑就可以使用数据动画了。

　　这里的核心就是，你要用什么样的数据去呈现。如果想省事，就直接把数据复制上去；如果要更严谨一点，最好参考其原始数据的排列方式，把数据进行调整，最好在Excel中进行调整。

　　◎ 行动计划

　　如图24-77所示，给大家制定了一个"531"行动计划，把数据可视化这节课总结5个收获点，并且对应自己的业务，看看哪3个是可以执行的，把这3个收获整理出来，最后立马看看哪个是可以立即执行实操的。

图 24-77　531 行动计划

第5篇

素材篇

5

PPT的素材类型主要包括以下几个。

（1）PPT模板：是PPT的骨架，一个好的模板可以让PPT颜值提高，也可以让内容更有条理。

（2）文字：是PPT内容的直接体现，好的文字排版和设计可以让PPT更加简洁、明了。

（3）图片：是PPT中最重要的元素之一，它可以直观地表达PPT的内容和主题，增强观众的视觉体验。

（4）图表：包括柱状图、折线图、饼图等，能够直观地展示数据和趋势，帮助观众更好地理解内容。

（5）动画：可以增强PPT的视觉效果，突出重点内容，吸引观众的注意力。

（6）声音：包括背景音乐、音效等，可以增强PPT的氛围，提升观众的听觉体验。

（7）视频：可以更生动地展示内容，增强观众的视觉冲击力。

（8）插图：包括手绘、摄影作品、3D模型等，可以为PPT增加艺术感，提升视觉效果。

以上就是PPT的主要素材类型，希望对读者有所帮助。

第25课 图片素材

PPT中的素材犹如战场上的武器，越精良越充足，就会攻无不克，战无不胜。笔者把过去在职场和商业项目中能够用到的可以免费商用，而且优质的素材资源整理出来给大家，方便以后寻找素材时使用。

相对文字而言，图片更能吸引听众，所以先给大家分享图片素材资源。

※ Unsplash

网址：unsplash.dogedoge.com

Unsplash是一个高品质图片资源网站，进入网站以后可以在搜索栏中输入自己需要的图片进行搜索，如图25-1所示。

注意：它只支持英文的搜索，如果英文不好，可以借助翻译工具。

下载图片。找到想要的图片后，单击打开，在右上角选择自己需要的图片分辨率，进行保存即可，如图25-2所示。

除了可以下载保存，还可以在右键菜单中选择复制图像，如图25-3所示，然后粘贴到需要的位置即可。

图 25-1 搜索

图 25-2 保存图片

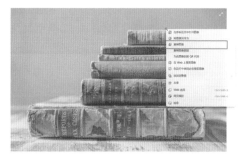

图 25-3 复制图像

寻找相似图片。只需要向下滑动当前图片旁的卷展栏，就可以在下面看到很多图片，无论是颜色、内容还是品质都跟刚才的图片相似，如图25-4所示。

回到首页，Unsplash每天都会做更新，更新的时候，红框标注的地方其实是当天推荐的一张品质图。单击推荐图的左下角，就可以打开这张图片，如图25-5所示，通过这种方法每天都可以得到一张网站推荐的高品质图片。

图 25-4　相似图片

图 25-5　打开之后

网站顶部其实已经做好了很多分类，而且每个分类里面都有一张推荐的品质图。

※ Pixabay

网址：www.pixabay.com/zh

这个网站支持中文搜索，如图25-6所示，进入网站后可以看到，首先从语言上比较友好，而且这个网站同样无须注册登录。

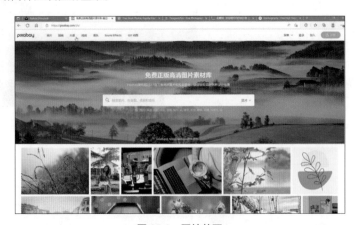

图 25-6　网站首页

当输入关键字后单击搜索，就会出现很多图片。

※ Pexels

网址：www.pexels.com

这个网站中的很多图片其实跟Pixabay里的图片非常相似。在这里仍然推荐给大家是因为，有时网络会存在不稳定因素，某些时段在Pixabay里搜索会非常慢，此时就可以使用Pexels，反过来也是一样的，并且Pexels还有一个非常好的特点。

首先进入Pexels的首页，如图25-7所示，可以看到这个网站的界面与前面的两个网站非常相似，都是瀑布流的方式。同样，可以在首页中搜索自己需要的图片关键词。当然也可以在首页的下面直接寻找自己需要的图片。

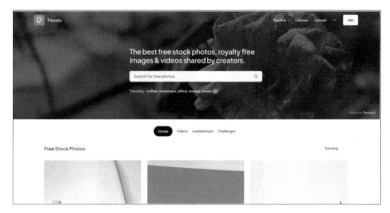

图 25-7　首页

Pexels是可以内置到PPT中的一个素材网站。

如果读者的计算机安装的是PowerPoint 2016以上的版本，在插入菜单中可以找到加载项，如图25-8所示。

图 25-8　加载项

选择获取加载项，进去之后搜索关键词，然后就可以找到当前网站的资源，如图25-9所示。单击"添加"按钮，添加成功后，可以看到在PPT的"插入"选项卡中就会自动安装上搜索按钮，如图25-10所示。

图 25-9　加载项搜索

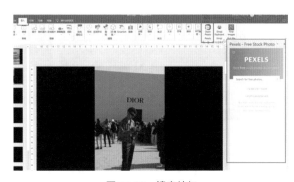

图 25-10　搜索按钮

单击搜索按钮，在右侧会出现搜索选项，可以直接在里面搜索图片，如图25-11所示。

图 25-11　图片搜索

搜索完成后，只需要单击需要的图片，即可添加到幻灯片当中。

※ Designerspics

网址：www.designerspics.com

这个素材网站非常适合用于职场PPT。如图25-12所示，进入网站后，可以看到里面的图片非常有寓意，有一些设计的概念在里面。这个网站里面的素材与前面几个网站中非常商业的素材不太一样，更加简洁。

图 25-12　网站首页

这些创意图片很适合去表达PPT中的一些观点。

※ 花瓣网

网址：www.huaban.com

如图25-13所示，花瓣网是国人的网站，都是中文界面。

图 25-13　花瓣网首页

这个网站主要用于搜索PNG和GIF图片。

※ Gratisography

网址：www.gratisography.com

这个网站中的图片是一些比较有奇思妙想的创意图片，如图25-14所示。艺术性在当前推荐的网站中是最强的。

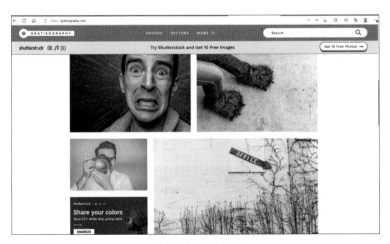

图 25-14　图片展示

在制作PPT的过程中，如果需要创意性的素材，这个网站是比较好的选择。但是它的素材数量没有前面推荐的网站多。

第26课 图标素材

在格式化的设计中，图片固然重要，但是很多时候也需要一些icon，即图标素材。

※ iSlide

网址：www.islide.cc

iSlide其实是一款插件，这个插件只要安装在PPT中，就可以直接使用。这个软件是内置在PPT中的，使用起来非常方便。如图26-1所示，打开官网后，直接单击下载即可。

图 26-1　插件下载

islide插件支持Windows和Mac OS操作系统，支持Office和WPS软件，基本可以覆盖大部分办公软件。

如图26-2所示，下载之后可以看到这样一个安装程序。只需双击它，按照提示安装即可。注意，安装时需要关闭办公软件。

安装完毕后，在PPT的左上角就可以看到这个插件了，如图26-3所示。

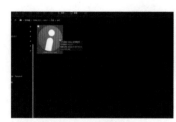

图 26-2　安装程序

图 26-3　安装完成后显示在 PPT 的左上角

这里重点强调一下iSlide的图标库，如图26-4所示。

如图26-5所示，打开后，可以看到里面有将近20万个图标，同时可以在搜索中根据自己的需求搜索需要的图标。找到需要的图标后，单击即可将其插入到PPT中。

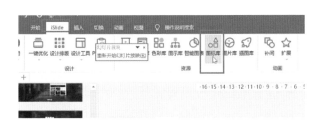

图 26-4　islide 图标库

图 26-5　打开图标库后

插入之后，可以在"形状格式"选项卡中对其进行调整。

如果想要替换图标，只需选中需要替换的图标，然后在图标库中单击想要的图标，就可以直接替换，如图26-6所示。

iSlide的资源库是非常常用的，不仅简单而且资源还很多。

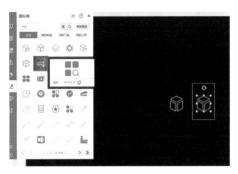

图 26-6　替换图标

※ Iconfont

网址：www.iconfont.cn

Iconfont来自阿里巴巴，是一个开源的素材网站，名为阿里巴巴矢量图标库。

如图26-7所示，在首页中可以看到它的图标数量，同时可以根据自己的需要去搜索。

◎ 图标使用方法1

如图26-8所示，可以看到搜索到了很多图标，这里选中一个单击下载。

如图26-9所示，单击下载后，可以看到下面有很多选择，比较常用的是SVG下载格式。

图 26-7　首页展示

图 26-8　选择下载　　　　　　　　　　　　　图 26-9　下载格式选择

选择SVG下载，将其下载保存到计算机上。

下载好之后，接下来讲解如何打开它。

如图26-10所示，这是刚刚下载好的图标，可以将其拖曳到PPT中直接使用。

拖入PPT中后，需要注意它现在是图形格式，如图26-11所示。

图 26-10　下载好之后的图标　　　　　　　　图 26-11　图形格式

如果需要修改，就需要在右键菜单的组合中选择取消组合，这样就会变成形状格式，可以进行相应的调整了，如图26-12所示。

变成形状格式后，可以很方便地调整颜色和大小，如图26-13所示。

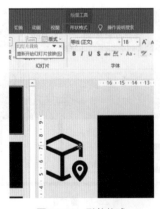 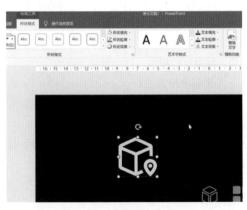

图 26-12　形状格式　　　　　　　　　　　　图 26-13　调整颜色和大小

在Iconfont中除了可以下载图标，还可以找到很多笔刷效果。

◎ 图标使用方法2

比如搜索墨迹，如图26-14所示，可以看到它也属于图标的一种类型。

选中一个图标，单击下载，选中SVG格式，下载完成后，拖曳到PPT中，然后取消组合，为其设置一个颜色，如图26-15所示。可以使用笔刷制作一些比较有创意性的图像。

图 26-14　墨迹

图 26-15　插入图标

它还可以填充图片，首先插入一张图片，然后按Ctrl+X组合键剪切，然后选中笔刷图标，右键菜单打开设置形状格式，选择图片或纹理填充，然后单击剪切板，完成图片填充效果的制作，如图26-16所示。

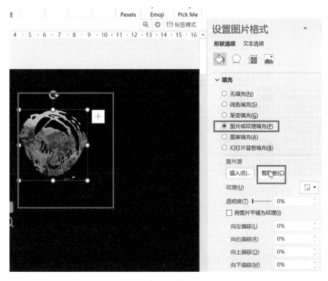

图 26-16　图片填充

※ **IconPark**

网址：iconpark.oceanengine.com

IconPark来自字节跳动，也是一个开源的素材网站，同阿里巴巴图库非常相似。

如图26-17所示，打开网站首页，滚动卷展览，可以看到有一个免费使用的资源库，单击打开。

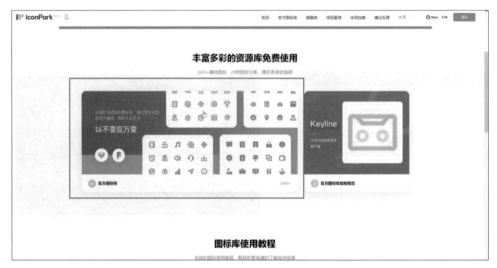

图 26-17　资源库免费使用

可以通过左侧的标签或者搜索栏进行搜索，找到自己需要的图标，如图26-18所示。

◎ 编辑图标

搜索到需要的图标后，在下载之前，可以先在右侧进行编辑，如图26-19所示。

图 26-18　打开后展示

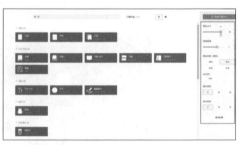

图 26-19　编辑图标

◎ 批量下载

编辑完毕后，单击右上角的批量下载SVG，就可以把搜索到的所有图标下载下来。下载完成后将其打开，可以看到是一个压缩包，这时只需把压缩包解压即可。解压完毕后，可以看到刚刚的图标已经下载成功了，如图26-20所示。

◎ 单独下载

如果想要下载某一个图标，只需要把鼠标放在图标后面的3个点上，即可单独下载了，如图26-21所示。

图 26-20　下载完成

图 26-21　单独下载

※ Iconfinder

网址：www.iconfinder.com

这个是笔者最常用的图标网站，里面包含了各种风格，如扁平风格、插画风格、3D风格，还包括一些非主流风格，质量很高，种类也很多。但是它里面有些是需要付费的，同时也有大量免费的。如图26-22所示，进入之后可以看到它是英文版本的，但是很多浏览器都可以进行翻译。图26-23所示为翻译成功后的页面。

图 26-22　进入首页

图 26-23　翻译成功

翻译成功后，单击打开顶部的图标，如图26-24所示。

进入之后，可以根据自己的需要加以选择，如图26-25所示。单击即可进入。

图 26-24　打开图标

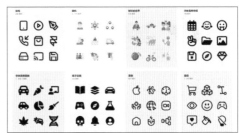

图 26-25　选择图标

进入之后，找到自己想要的标签，单击后会出现下载图标，如图26-26所示。

此外，网站中还有很多优秀的插画，如图26-27所示，单击即可打开插画。

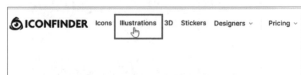

图 26-26　下载图标　　　　　　　　　　　　图 26-27　打开插画

进入之后，可以根据自己的需要加以选择，如图26-28所示。单击即可进入。

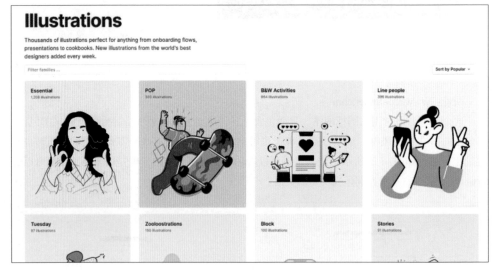

图 26-28　进入选择的插画

进入之后，找到自己想要的，单击后会出现下载图标，可以看到这些是需要付费的，但是不用管它，只需单击图片即可，如图26-29所示。

单击进入图片后，右键菜单进行复制，再粘贴到PPT中，就可以使用了，如图26-30所示。

图 26-29　选择插画　　　　　　　　　　　　图 26-30　复制粘贴

此外，网站中还有很多3D图标，使用方法与前者一致。

如图26-31所示，有这4个图标素材网站，就足够日常使用了。

图 26-31　4 个网站

第27课　音频视频素材

首先分享两个视频素材网站，来看第一个素材网站。

※ Mixkit

网址：mixkit.co

如图27-1所示，打开网站之后，可以直接在左上角搜索，不过这里只支持英文搜索。

输入sea（大海），然后按Enter键，可以看到很快就搜索出了跟大海相关的视频，如图27-2所示，这里需要注意红框内的视频不要用，因为它们都带有水印且需要付费。

图 27-1　网站首页

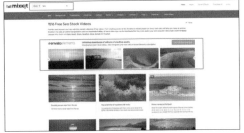

图 27-2　搜索展示

只需要在下面找不带水印的视频即可，如图27-3所示，可以看到共搜出42页视频素材，完全够用。

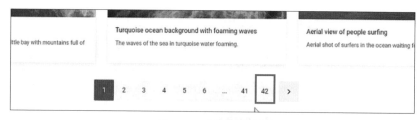

图 27-3　素材数量展示

◎ 下载方法

打开自己想要下载的视频，直接在视频上单击鼠标右键，选择"将视频另存为"命令即可，如图27-4所示。

图 27-4　视频下载

※ Mazwai

网址：mazwai.com

如图27-5所示，进入之后可以看到与Mixkit比较相似，搜索栏也是在顶部。

同样搜索sea，可以看到很快就搜索出了许多跟大海相关的视频素材，如图27-6所示。

图 27-5　首页展示

图 27-6　视频素材展示

◎ 下载方法

选择想要的视频，单击进入，然后单击Download Free按钮，直接下载，如图27-7所示。

◎ 视频插入PPT

视频下载完毕后，回到PPT中，在"插入"选项卡中找到"媒体"选项，选择"视频"→"此设备"命令，就可以插入视频素材了，如图27-8所示。

图 27-7 视频下载

图 27-8 插入视频

◎ 音频素材网站

插入视频后，还需要给视频配上音乐，接下来给大家推荐两个音频素材网站。

※ **Mixkit**

网址：mixkit.co

这里推荐的第一个音乐素材网站还是Mixkit。如果英语不好，可以通过浏览器自带的翻译进行网页翻译，如图27-9所示。

如图27-10所示，通过观察可以看到，它的右上角除了视频，还有音乐和音效。

图 27-9 翻译网页

图 27-10 音乐和音效

单击Music音乐进入页面，如图27-11所示，同时还可以搜索资源库中的音乐。

注意：现在很多音乐都有版权，不能随便下载，网站中提供的很多音乐都是可商用的。

◎ 音频下载方法

选择一个需要的音乐，在右下角单击下载按钮，就可以直接下载下来了，如图27-12所示。

图 27-11 进入音乐页面

图 27-12 下载音乐

如图27-13所示，同样，在音效里也可以用这种方法下载音效。

下载完毕音频和音效后，回到PPT中，将下载好的音频和音效与视频结合起来。

首先在"插入"选项卡中找到"媒体"选项，选择"音频"，然后选择此设备上的音频，就可以插入音频素材了，如图27-14所示。

图 27-13　下载音效

图 27-14　插入音频

首先插入音效素材，使其跟视频刚开始时相吻合。

接下来对其进行设置。选中音效，在"播放"选项卡中将音频设置为自动播放，同样将视频也设置为自动播放。

设置完毕后，单击播放，可以看到只有音效自动播放了，视频没有自动播放，而是在音效播放完毕后才开始播放，它们两个并没有同时进行。

这时需要打开"动画"选项中，然后打开动画窗格，可以看到两个自动播放前有一个时钟，如图27-15所示。时钟的意思是第一个播放完毕后，才会播放第二个。

这时只需将两项选中，然后在右键快捷菜单中选择"从上一项开始"命令，如图27-16所示。

图 27-15　时钟图标

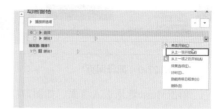

图 27-16　选择"从上一项开始"命令

设置完毕后，可以看到它们两个的开始播放时间变为一致了，如图27-17所示。

反过来，如果不希望同时播放，可以灵活地调整小三角的位置。

单击播放，可以看到视频和音效已经同步播放了。接下来将刚刚下载好的音频同样插入进来。插入完毕后，如果希望音频在音效结束之后才开始播放，还需要在动画窗格中进行设置。如图27-18所示，可以看到，刚刚插入的音效需要单击鼠标才能开始播放。

图 27-17　设置完毕

图 27-18　单击播放

这种情况单独选中音频，在右键快捷菜单中选择"从上一项开始"命令。因为希望音频在音效之后播放，所以可以调整音频的开始时间，选中音效，然后在"播放"选项卡中打开"剪裁音频"，可以看到它的持续时间，如图27-19所示。

因为音效大概从2秒钟开始就越来越弱了，所以音频要从两秒钟开始播放。

选中音频，在动画窗格中设置延迟为2秒即可，如图27-20所示。

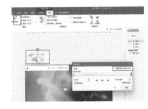

图27-19 音效时长

图27-20 设置延迟

最后在"播放"选项卡中设置音频为自动播放。

单击播放，可以看到已经实现想要的效果了，但是视频中间还存在一个喇叭图标，如图27-21所示。

图27-21 喇叭图标

这时，可以选择将喇叭挪出画面外，或者选中喇叭，在"播放"选项卡中选择"放映时隐藏"复选框，如图27-22所示，这样放映时就会自动消失了。

图27-22 放映时隐藏

设置完毕后，单击播放，查看播放效果。这就是音频和视频在PPT里面的结合。通过学习，读者也可以轻松地制作出短视频文件，接下来讲解如何将视频导出。

◎ 导出视频

打开"文件"菜单，选择"导出"命令，然后选择"创建视频"选项，如图27-23所示。设置好视频的清晰度后，单击创建视频即可。这样就可以得到这个视频了。

图 27-23　导出视频

从视频和音频角度来说，Mixkit是一个能够满足用户使用的网站。

※ **FreeSFX**

网址：freesfx.co.uk

这个网站中主要是音频素材，如图27-24所示，可以在左上角搜索音频，都是可以免费下载的。

这里搜索一个夸张的heartbeat，意思是"心跳的声音"，搜索出来后，单击一个素材播放，可以听到确实是心跳的声音，如图27-25所示。

图 27-24　首页

图 27-25　素材播放

找到需要的音频素材后，单击后面的Download MP3按钮，就直接下载，如图27-26所示。

图 27-26 下载素材

如图27-27所示，单击进入Sound Effects中，可以看到里面有很多音效。

图 27-27 音效素材展示

如图27-28所示，单击进入Music中，可以看到里面有很多音乐。

图 27-28 音乐素材

在日常工作中制作一些企业宣传片或者有意思的音效搭配，这个网站是非常够用的。

注意：freeSFX网站是需要注册的，只需要一个邮箱就可以注册。

如图27-29所示，这样包含两个视频和两个音频的素材网站就分享完毕了。

图 27-29　4 个网站

第28课 字体素材

在PPT中，字体素材非常重要，因为很多时候，做一个公众场合的演讲或者汇报，字体必须是可商用的，接下来分享两个免费可以商用的字体网站。

※ 100font

网址：www.100font.com

如图28-1所示，进入之后可以看到，这个网站非常简约，直接搜索需要的字体或者在分类中查找需要的字体即可。注意：在字体的右上角会显示是否免费可商用。

◎ 下载字体

打开一个字体，然后向下滚动卷展栏，找到下载地址后就可以下载了，如图28-2所示。

图 28-1　首页展示

图 28-2　下载地址

◎ 安装字体

下载完毕后，找到文件位置，将其进行解压，如图28-3所示。

解压完毕后，可以看到里面有不同的黑体，如图28-4所示。

图 28-3　解压文件

图 28-4　解压完毕

打开其中一个，如果希望全部安装就全部选中，如图28-5所示。

然后在右键快捷菜单中，选择"安装"命令，如图28-6所示。

注意：安装字体时一定要把办公软件都关闭。

图 28-5　选中字体

图 28-6　安装字体

※ 猫啃

网址：www.maoken.com

如图28-7所示，进入猫啃网之后，首先可以在顶部看到网站已经收集了473款中文字体。

单击473，进入之后可以看到，里面推荐了常用的可商用字体，同时还包括最近新增的，

如图28-8所示。

图 28-7　首页

图 28-8　推荐字体

如图28-9所示，向下滚动卷展栏，可以看到会显示每一种字体属于什么类型。

将鼠标放在字体上变成小手形状后，还可以看到对应字体的样式展示，非常直观形象，如图28-10所示。

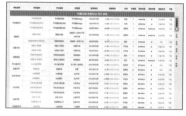

图 28-9 字体属性展示

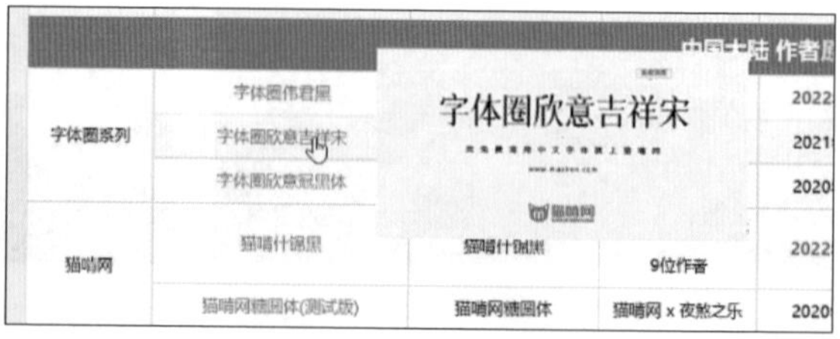

图 28-10 字体样式展示

◎ 下载字体

单击进入，然后往下拖曳，可以看到下载字体的按钮，如图28-11所示。

单击下载字体，可以看到与上一个网站的下载方式一样，如图28-12所示。

图 28-11 下载字体按钮

图 28-12 下载方式

这两个字体素材网站可以满足日常工作中的使用。这里也给大家准备了20个常用的免费可商用字体。

注意：字体关键是可商用。

※ **书法字体网**

网址：www.shufaziti.com

书法字体是可以去制造的。

如图28-13所示，有时会做一些中国风、有书法字体的效果，但是如果去找一些特定的这种字体，不太容易找到。

但是在书法字体网站上，可以既规避版权问题，又可以灵活地创造出来，如图28-14所示。

图 28-13　案例展示

图 28-14　书法字体网

这节课的重点是：两个可以找到免费可商用的字体网址，以及如何制作书法字体。

第29课　3D 素材

PPT在不断进步，越来越支持多元化的展示形式，如3D。如今，很多发布会都会用到3D的元素。如图29-1～图29-3所示，这个有跨页展示的角色就是一个3D模型。

图 29-1　跨页展示 1

图 29-2　跨页展示 2

如图29-4所示，可以看到这是一个3D模型，这样的展示可以让内容更加有趣。

图 29-3　跨页展示 3

图 29-4　3D 模型

如图29-5所示，帮企业做设计时，企业有自己的3D产品，可以720°全方位展示这个产品。

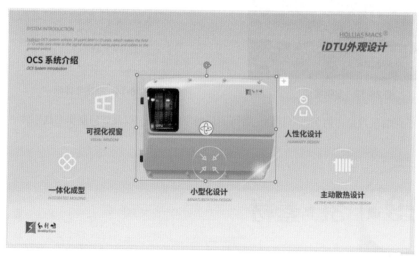

图 29-5　产品展示

3D模型除了在一些娱乐的画面中应用，在创意设计画面和商业产品中也经常被用到。接下来推荐第一个3D素材网址。

※ Sketchfab

网址：www.sketchfab.com

如图29-6所示，这个网址是英文的，进来后首先找到顶部的搜索栏。这个网站中既有免费的，也有付费的。如图29-7所示，只要在需要搜索的关键词前输入：free，就可以搜索出免费的模型。

图 29-6　搜索栏

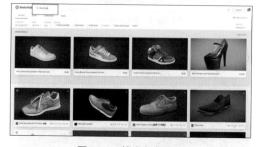

图 29-7　搜索免费模型

◎ 模型下载

如图29-8所示，单击打开一个需要的模型，然后单击左下角的Downioad 3D Model按钮。

在弹出的对话框中建议下载GLB，这是PPT支持的一种非常稳定的格式，一般选择1k大小即可，如图29-9所示。

图 29-8 单击 Download 3D Model 按钮

图 29-9 建议下载格式

◎ 如何插入3D模型

选择完毕后，单击DOWNLOAD，下载到桌面即可。下载完成后，打开PPT，在"插入"选项卡中找到3D模型，选择此设备，然后找到刚刚保存的3D模型，单击插入即可，如图29-10所示。

注意：3D模型只有在Office 2019以上的版本中才有。

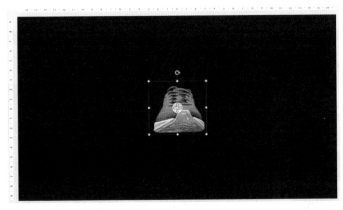

图 29-10 插入 3D 模型

◎ 3D素材库

3D素材库是PPT自带的，如图29-11所示。

图 29-11 素材库

173

如图29-12所示，其中已经内置了很多素材，唯一有区别的地方是，模型左下角是否有一个小人跑步的图标，如果有则代表这个模型是带动画的，反之则不带动画。

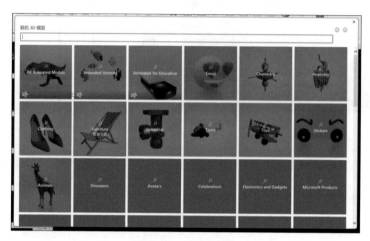

图 29-12　打开素材库

任意选择一个带动画的3D模型插入，如图29-13所示，可以在"3D模型"选项卡的场景中选择动画效果，或者设置为无动画。

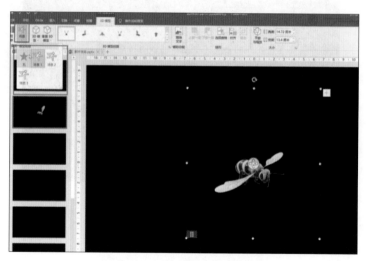

图 29-13　设置模型动画效果

特殊情况1

有一种情况是，你的Office是2019，但是PPT的3D模型中没有库存3D。这种情况下，需要在左下角的开始菜单中找到3D查看器。

3D模型库是微软自带的，而不是PPT的，只是把它置入到PPT的菜单面板里面了，单击打开之后，单击"确定"按钮，如图29-14所示。

如图29-15所示，在这个页面中单击右上角的3D资源库。

图 29-14　确定

图 29-15　3D 资源库

如图29-16所示，这个同在PPT中的资源库是完全一样的，只是摆放位置不同。

在资源库中找到想要的模型后，只需要将其打开，加载完毕后，在左上角的"文件"菜单中选择"另存为"命令，如图29-17所示。

图 29-16　打开资源库

图 29-17　另存为

在保存时需要注意，格式一定要选择GLB，如图29-18所示。

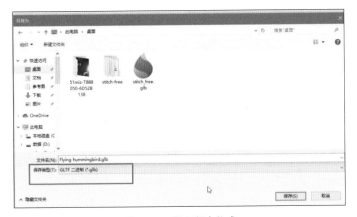

图 29-18　设置保存格式

保存完毕后，返回PPT中，在3D模型中选择此设备，就可以将刚刚保存好的3D模型插入到PPT中了。

特殊情况2

还有一种情况是，Windows中没有3D查看器。

这个时候同样打开开始菜单，找到Microsoft Store，这是微软的商店，如图29-19所示。

进入之后搜索3D，单击搜索按钮就可以找到3D查看器了，如图29-20所示。点击免费下载即可。

图 29-19 微软商店

图 29-20 搜索 3D 查看器

图29-21所示为本节课给大家分享的两个3D素材资源。

图 29-21 两个素材资源

第6编

汇报表达篇

6

在制作和讲解PPT时，需要遵循一些关键的注意事项，以确保演示效果最佳。以下是一些主要的注意事项。

（1）明确目标：首先，需要明确PPT的目标。是为了传达信息、说服听众，还是为了解决问题？明确的目标将有助于你确定演示内容和风格。

（2）内容清晰：PPT的内容应该简洁明了，避免冗余。只展示关键信息，并尽量使用图表或图片来直观地传达数据和概念。

（3）设计美观：良好的视觉效果可以增强PPT的吸引力，确保你的设计风格统一，图片和文字的排版清晰。

（4）适当使用动画和过渡效果：适当的动画和过渡效果可以使PPT更加生动，但过多的效果可能会分散听众的注意力。

（5）准备讲稿：提前准备讲稿可以帮助你更好地组织思路，并在演示时更加流畅。注意不要照本宣科，尽量依靠PPT的视觉效果来引导讲解。

（6）熟悉设备和软件：提前熟悉要使用的设备和软件，这样可以让你在演示时更加集中精力在内容上。

（7）注意语速和声音：保持语速适中，声音清晰。避免过快或过慢，以便听众可以跟上你的节奏。

（8）互动和问答环节：预留出时间进行互动和问答环节，以便与听众交流。这可以帮助你了解听众对你演示内容的看法，并解答他们的疑问。

（9）避免个人化语言：尽量使用中性和客观的语言，避免使用可能引起争议或误解的个人化语言。

（10）结尾总结：在演示结束时，进行一个简短的总结，以帮助听众记住你的主要观点。

遵循上述几个注意事项，你应该可以制作出一份清晰、专业、引人入胜的PPT，并进行一次成功的演示。

第30课 用 PPT 讲好故事：SCQA 法则

本节课的主要内容是SCQA法则。

大家可以看看是否有自己所遇到的以下场景。

场景1：在职场和同事争论时，常常脑子一片空白，什么都说不出来，回家以后就狂拍大腿，感觉刚刚很笨，应该这么说、这么说的。

场景2：看完一场电影，觉得特别感动，想要转述给自己的朋友听，但是讲出来的时候却平淡无奇，自己的语言没有一点感染力。

场景3：开会的时候，领导临时让你起来发言，感觉特别慌乱，特别羡慕那种即便是临时起来发言，也说得头头是道、条理清晰的同事。

这些现象通通都称之为表达能力欠佳，一个人的表达能力就是指他讲故事的能力。

如何提升讲故事的能力？如图30-1所示，SCQA模型就是一个能够帮助你讲好故事，做好演讲，掌控听众注意力的非常好用的工具。这个模型出自于巴巴拉明托的金字塔原理。很多讲结构化表达的课程都会用到这个原理。

30.1 SCQA的含义

S：Situatuion，情景，交代一下事情发生的背景。

C：Complication，冲突，制造悬念需要冲突。

Q：Question，问题，根据前面的冲突，从受众的角度提出他们关心的问题。

A：Answer，回答，对应前面的问题做一个解答。

SCQA如图30-2所示。

图 30-1　SCQA 模型

图 30-2　SCQA 的意思

无论是面试、工作、总结、项目、提案甚至谈判，其实都是在讲故事，因为人类都是感性动物，没有人爱听道理，但是人人都爱听故事，可以通过讲故事来打动老板、赢得客户、击败竞品、说服对手。

30.2 如何使用SCQA

首先列举几个比较经典的案例。

案例1：众所周知，乔布斯非常善于讲故事，SCQA就是他最常用的表达结构，比如他塑造产品时，首先会说，市场上有很多其他品牌的手机，澄清一个客观的事实环境也就是情景的描述。接下来会说，但是它们都不好用，这个环节就是制造冲突。接下来抛出问题，那么该怎么办，难道就没有一台从用户的角度出发，功能又强大又好用的手机吗？这时候你作为听众，已经感觉被带到他的节奏和情绪里面去了，期待答案。此时他就会抛出答案，就是iPhone，如图30-3所示。

案例2：如图30-4所示，这个是不是大家都很熟悉的广告，它也是非常经典的SCQA模型，接下来对其进行拆解。

首先，"得了灰指甲"是情景描述，"一个传染俩"造成了冲突，"问我怎么办"抛出问题，"马上用亮甲"给出答案。

图 30-3　案例 1

图 30-4　案例 2

案例3：如图30-5所示，这是李清照的《如梦令》里非常经典的一个片段，也是用了讲故事的方式，也就是用了SCQA模型去讲了整个内容。"昨夜雨疏风骤，浓睡不消残酒"，是对情景的描述。然后就开始讲冲突了，醒来之后问卷帘人窗外的情况，卷帘人说海棠都挺好的，这就是冲突，这么大的风为什么海棠还挺好的。接下来就抛出问题，"知否知否"。最后给出了结论，这个时节应该是绿叶繁茂、红花凋零的。

可以看出她也是用了SCQA的经典模型，还原了一个场景。

图 30-5　案例 3

还有很多案例，大家可以发现SCQA实际上就是一种结构化的表达方式，所以这里需要记住，很多时候讲什么并不重要，听众愿意听才是最重要的。

因为PPT就是拿来给受众看的，所以用好SCQA模型可以激活听众的意愿，这样才能提升PPT的说服力。

30.3　延伸

SCQA模型的顺序不是一成不变的，可以根据实际情况灵活变通组合。

※ 冲突放前CQSA

如图30-6所示，可以把冲突放在前面，从一开始就牢牢抓住大众的兴趣，引发他们对背景的关注和对答案的兴趣。

如图30-7所示，2022年考研录取率仅24%，为什么呢？接下来再讲解实际的背景，最后给出答案，这样就变成了CQSA了。一开始抛出冲突，就是2022年仅仅只有24%，为什么？接下来再讲实际的背景，最后给答案。

图 30-6　冲突放前

图 30-7　例子 1

只要确保这个逻辑线是完整合理的，就是好故事，所以顺序是可以调整的。

※ 结论先行ASCQ

向领导做汇报，有的时候时间很紧张，领导没那么多时间慢慢听你汇报，这时就可以结论先行，如图30-8所示。

比如：今天要向领导汇报的是关于公司的销售激励制度，建议从提成制改为奖金制。直接给出答案，然后开始介绍背景，因为公司从创始以来，一直使用的都是提成制来激励销售队伍，这是三大主流机制中的一种，

图 30-8　例子 2

但除了有提成、奖金还有分红，它们其实是适用于不同场景的。接下来冲突要来了，但是提成制在公司业务迅猛发展，覆盖市场越来越多的情况下，造成了很多激励上不公平的情况，比如说成熟的市场和新进的市场必然会有一些不平衡，甚至还出现员工拿到大笔的提成，但公司还在亏损的状态，所以建议公司把这种提成制修改为奖金制，请领导看看是否可行。

这个时候领导很忙，他有可能听不完整个的项目介绍，但起码知道你的需求，这样一个快速的汇报，就是把刚才的SCQA又换了一个顺序，把结论也就是答案直接说在最前面，然后再强调描述背景，再去描述这个过程的冲突，最后再询问是否可行。

※ 问题开始QSCA

如图30-9所示，接下来再来举一个以Q也就是问题开始的。

特斯拉公司的CEO马斯克在一次采访中说，今天全人类面临的最大的威胁是什么，第一句就把问题抛出了。然后才介绍背景，在过去的几十年，科技高速发展，人类拥有了先进武器，已经可以摧毁地球几十次了，但是我们拥有了摧毁地球的能力，却没有逃离地球的办法，之后就是他描述的冲突。最后给出答案，所以我

图 30-9　例子 3

们今天面临的最大危险是没有移民外星球的科技，我们公司将致力于私人航天技术，在可遇见的未来实现火星移民计划。这是一种很有气势、很有信心的表达方式。

这种模型就是把问题放到最前面来，然后开始描述背景、冲突及答案，就变成了QSCA的顺序，这个顺序其实经常会被用在一些演讲的场景。

规律：如果是写软文做演讲这种观点的输出，或者在会议场景中，有足够的时间去陈述，可以有自己的表达节奏，这种情况下就用最经典的SCQA。

SCQA通常就是先用情景带入，这样更容易让人愿意听进去，并且更容易认同你的观点，缺点就是墨迹。如果是基于彼此了解的双向沟通，或者追求效率和结论的谈判辩论，就少说废话，结论或冲突先行直截了当一点。

30.4　实操

通过前面的讲解，相信读者对于SCQA模型，包括它的各种变化已经有了充分了解，接下来进行实操，看看大家是否可以灵活应用。

挑战1：如图30-10所示，先来看内容，然后选择出内容是以哪种模型结构演讲的。

注意：4个选项都是属于SCQA，只不过是它们存在顺序逻辑的变化。

通过这道题，大家可以再次理解SCQA的每一个关键动作、每一个关键环节所代表的背后含义，再次重复和强化。

接下来对挑战进行分析，首先演讲者会说：我知道在座的各位都能够列出自己的梦想清单，这是背景。然后说：但是也许你在去帮助小伙伴的过程中，你会发现一些小伙伴会说"我不知道我的梦想是什么？"也有可能有的人会说"我不记得了"，这个就是实际的情况会发生的一些冲突。这时候我们应该如何沟通呢？这个就是根据前面发生的冲突，站在学员受众的角度提出问题。最后给出了答案。

图 30-10 挑战 1

所以这个就是典型的SCQA模型。

挑战2：如图30-11所示，这道题是一个视频，看一看日常比较火的这种短视频，在SCQA模型中有怎样的突破和变化。

这其实是一个非常经典的、相对火爆的短视频结构，这个结构就是QSCA，先把问题抛出，然后描述一下实际背景，然后把冲突强调出来，最后给出答案。

挑战3：如图30-12所示，这是一道多选题。

图 30-11 挑战 2   图 30-12 挑战 3

分析：

A选项

比如说：要用SCQA模型去讲的话。首先要把实际背景表达出来。冲突是现在解决不了这个问题，因为生活习惯已经养成了，工作当中也离不开，没有办法做到。接下来是问题，到底应该怎么去解决这个问题。最后给出答案。

从情景的描述，到冲突制造，再到问题抛出，最后给出答案，按照这样去讲是没有任何问题的。

B选项

QSCA以抛出问题开始，然后说明情景、制造冲突，最后给出答案。这样的效果也是很好的，比如说：直接抛出问题，我们全中国的人民，不管是成年人还是小朋友，甚至是老年人，都面临一个非常非常大的威胁，是什么呢？这个问题一抛出来，大家的注意力一下子就被吸引住了。接下来说明环境，大家在用手机上面是什么样子的。然后接下来讲冲突，目前没有办法能够解决它，因为大家在工作上包括日常都会用到它。最后给出答案。

这个模型也很适合一个表达的场合，这个表达可能气势就会更强，底气也更足。

C选项

ASCQ以答案开始，答案的结果就是要去解决使用手机时长的问题，在这个情景下面，如果作为演讲来说，或者作为呼吁来讲，这个结论在一开始就出现，大家可能会对答案的重视程度会比较弱。

D选项

CSQA以冲突开始，牢牢抓住大众的视线，引起大家对背景的关注和对答案的兴趣。比如：未来五到十年，我们现在的成年人或者老年人、小朋友，他们的手机使用时长越来越多，而且控制不了，这就是制造一个冲突。接下来的选项是描述情景，但是通常情况接下来紧跟着冲突抛出问题是最好的，为什么会出现前面这个数据有明显的提升。提完问题大家其实在被你的问题带着往后面走，这个时候接着描述情景，然后再给出结论。

所以最后一个选项冲突放在前面也没问题，但是跟冲突接着的内容建议放Q，也就是说它的答案应该是：CQSA。

所以经过分析4个选项，效果比较好并且合理的选项应该是A和B。

通过这些案例的学习，可以发现SCQA模型的组合非常灵活，可以根据不同的情景进行应用。

建议：如果读者是第一次或者初步开始学习SCQA，这里建议少就是多，首先可以先把SCQA这样一个固定的套路先掌握好。确保已经熟练掌握后，再去灵活组合，会对你有很大的启发。

行动计划：如图30-13所示。

行动计划

运用SCQA结构化表达方式（包含延展类型）总结一段3分钟的学习心得，并将心得录制下来分享在你的朋友圈或短视频平台

图30-13　行动计划

第31课　用PPT做好汇报：4P万能公式

本节课的学习目标就是：做好在职场中的汇报。

在工作中，无论周报、月报、季报还是年报，会经历无数大大小小的汇报场景。在这么多的汇报中，如果可以做好，也许就直接开启了职场的向上通道。反过来，如果做不好，职场危机可能就要出现了。所以作为职场人，工作汇报的重要性不言而喻。

本节课会把笔者过去的一些成功经验，包括所看到和学到的一些成功方法，整合到一起分享给大家。

掌握这套方法后，相信会给大家的职场晋升带来极大的帮助和加分。

如图31-1所示，以笔者自己的个人经历为例，2012年工作从北京调动到了上海，是一个基层的教学管理人员，当时的岗位角色就是教学组长，带了一个10人左右的小团队。经过两年，2012年的时候，我的职业生涯快速实现了三级跳，从一个集团的基层管理人员，直接到了高层，职场跃迁发生了极大的变化，从管理10人团队到近千人，年薪从六位数到了七位数。

图 31-1　个人经历

如果要去复盘这个三级跳的过程，其实工作汇报给了笔者极大的帮助，所以前面提到会有好的经验分享给大家。当然，这不仅仅是我个人的经验，也有看到和学习到一些同样优秀职场人士的经验，这些经验在这里一并打包送给各位读者。

接下来进入本节课总结的4P汇报方法。

31.1　4P汇报方法

如图31-2所示，4P汇报方法其实就是4个点，第一，中心点；第二，闪光点；第三，重要点；第四，落脚点。

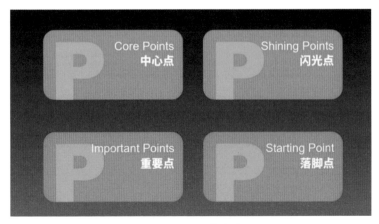

图 31-2　4P 汇报方法

单纯讲解这4个点可能比较空洞，接下来一个一个讲解如何去实现。也就是说，这节课主要分享一些知识经验方面给大家。

31.2 中心点

中心点简单来说就是工作成果。

◎ **实际达成**

说到成果，第一个想到的关键词是数据，无论是市场销售类的岗位还是职能类的岗位，都要找到可以衡量成果的数据。其实销售类比较好理解，即完成多少销售额。职能类同样有它拆分出来的具体数据，但是这个只是一方面，在展示工作成果时，很多人都会忽略一个重要的点——目标计划。

◎ **目标计划**

通常目标实际达成的结果大家都会把他陈列出来，但是往往忽略目标计划这个选项，也就是说在进行工作成果展示时，一定要把目标和达成进行对比，这样可以非常直观地看到你的工作完成状况。

有对比以后，还需要注意：尽量做到用一页PPT把核心数据说清楚，无须利用大量的文字去呈现。

◎ **结论**

工作汇报一定要以工作成果为中心来展开。

有了成果之后，一定要有经验总结，所以第二个点就是闪光点。

31.3 闪光点

经验总结就是闪光点，这是你的领导或者老板希望能看到你在这个过程中能够获得的经验，成功的或者失败的都可以。

所以就会有两种可能性，第一，成功经验；第二，存在不足。一般情况下不说失败，而是用存在不足代替，因为任何的工作目标都没有百分之百的完美或者说没有百分之百的完全失败，一定会有成功经验和存在不足。

接下来介绍成功经验是如何衡量的。

◎ **成功经验**

这里需要注意，完成的数据已经展示出来了，可是通过数据背后要得到的结论一定是SOP（标准作业程序），也就是标准化流程，如果你这个工作的成功经验萃取总结下来，没有办法去形成一个标准化，那么这个成功经验就是不可复制的，是不可以继续传承的，所以一定要记住，但凡在一次汇报中有了成功经验，就要去深挖，把它变成一个相对标准化的工作流程。

◎ **存在不足**

存在的不足主要有以下两点。

·GAP

GAP（差距）想要达成的目标和已经完成的，它们中间就是GAP，也就是差距到底是什么，要把它具体、量化地呈现出来。

·阻碍因素

除了差距，更重要的是需要分析出阻碍因素。阻碍因素通常有3个角度，第一，这件事是否可以达成；第二是人，这里的人是指团队或者个人，也就是说是否存在大家的配合问题、是否存在大家的沟通协调问题；第三是物，这里的物是指资源，预算起初定低了、是物资不足还是设备不够。

所以对于阻碍因素，核心就是从事、人、物3个方面进行澄清，一定是其中的某个因素导致的，甚至有时候是多个因素导致的。

◎ 结论

成功经验的评估标注就是可以形成SOP。

经验总结后面就是如何去改进。成功经验形成标准化没有问题，但是存在的问题是需要改进的，没有达成的要去达成，所以这个部分很重要，怎么做才是领导想看到的。

31.4　重要点

前面的GAP和阻碍因素形成的是一个内在逻辑，就是3W，如图31-3所示。

图 31-3　3W

第一，GAP说的是差距是什么；第二，阻碍因素为什么会形成，表达的就是为什么会造成这样的差距；第三，就是到底怎么做，接下来怎么改进方案。同样的解决方案要参考阻碍因素，而阻碍因素是人、事、物这3个原因中的某一个，所以解决方案就应该针对它。

◎ 结论

·解决方案具体到事件、人员、资源

所以解决方案不用太复杂，把这几件具体的事情要做什么、需要的人员配置和支持是什么，以及需要的资源支持是什么明确出来，这就是解决方案。

讲完优化改进的这样一个页面以后，最后是落脚点。

·落脚点

落脚点指的就是需要落脚去执行，所以也称为执行计划。

这是大部分人非常弱化的一点，也是非常重要的一个环节。就是有了改进方案以后应该怎么详细具体地去做。

第一，具体的。

这个计划是什么，这件事要非常具体。

第二，可衡量。

标准是什么，千万不能用感性的语言表达。

比如，新入职的员工要进行培训，从感性的角度来说就是让他们对公司有所了解，这是不可衡量的。而新员工的培训要通过测试，并且分数要达到80分以上，这就是有标准的、可衡量的。

第三，可达成。

你的资源是足够去完成这件事情的，你的这个计划接下来要改进的方向是可以完成的。

还是以新员工为例，在一周以内，让新员工在每个部门轮岗，然而公司的部门不止5个，但是要在一周5天内完成所有部门的轮岗，这个是否可达成需要去做评估。如果假设公司有8个部门，5天完成8个部门的轮岗，效果是否好呢？所以这里面一定要去评估这件事情是否足够去支撑，包括要去占领什么样的市场，要多开几家分店，那么公司的预算资源是否能够去支撑你，你现在的流量资源能否让大家达成，所以第三点很重要。

第四，有关联。

一定要有价值，也就是说你做这件事情是否能够给公司或者你的团队、你的部门带来帮助，如果去改进这件事情跟公司和大家的目标完全不一样，也不能带来任何帮助，那么这件事情就没有价值。

比如：如果你是领导，你的下属去做的事情跟公司方向不吻合，那么你愿意配合他去做吗？所以一定要跟总体目标有关联。

第五，有时限。

一定要有时间期限和具体的时间里程碑，就是在什么时候做什么事情，这个方法最简单的就是用倒推法，从终点往回推，然后进行倒推式拆分，否则肯定完成不了，即便做了倒推，大概率在过程中也会出现很多变数。这是一个非常非常重要的目标管理方法。

比如，3年以后要做成什么，那么就需要从3年后往回推，第二年必须要达成什么，如果这个地方达不成，第三年可能真的完成不了，那就要重新调整方向和目标。如果说在一切资源，包括一切标准、一切努力都做了尝试，但是在这个地方还存在困难，那就需要去调整目标，代表之前设计的计划是有问题的。

◎ 总结

图31-4所示为一个SMART模型，这是一个非常标准的目标制定模型，所以做执行计划就是目标制定。

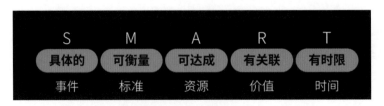

图 31-4 SMART 模型

有了目标，对应到工作成果中就是目标计划，其实这是一个闭环，然后再看是否能够达成。如果达不成，继续循环这个过程分析问题，复盘问题，把好的经验萃取出来，形成标准化，不足的地方不断去改进，形成新的计划，再去实现、去达成，整个工作就是这样一个过程。作为领导，带领团队是这样，作为员工也是这样，给自己做自己的工作计划。

这就是职场中一个标准的工作流程。

◎ **重点提示**：一页PPT一个主题。

31.5　框架结构

整个PPT其实就是一个框架结构，把它搭建好，就能确保内容不多不少，不重复，而且是都重要的。

如图31-5所示，来看一下里面的环节。封面不用多说，接下来可以把目录呈现出来，陈述清楚里面要讲的几个内容，4个板块分别为工作成果、经验总结、优化改进、执行计划，最后有一个封底，这是一个大的框架。

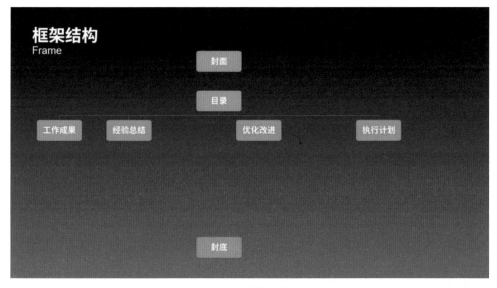

图 31-5　框架结构 1

相对来说，工作汇报的结构比较简单，就是一个清晰的结构。

接下来再进入下一个层级，如图31-6所示，工作成果里面有核心展示，经验总结里面有成功经验和存在不足两个方面，接下来在优化改进里重点就是解决方案，解决方案针对的是事件、人员和资源。最后执行计划里针对事件、标准、资源、价值和时间，也就是SMART目标制定化模型。

这样就形成了PPT框架，借助这个框架直接填充内容即可。

重要经验：在汇报当中，语速跟汇报也是有关联的，一般建议一分钟200个字，这样领导听起来，包括自己陈述出来，是比较舒服的一个字数。

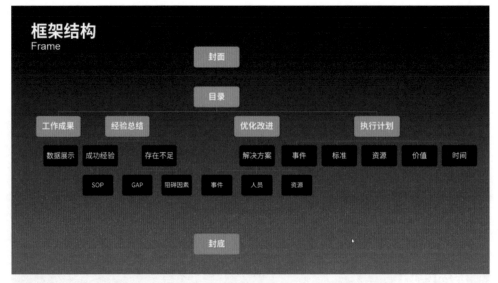

图 31-6　框架结构 2

讲完了整个框架结构及每一页内容里面需要注意的事项，接下来就对该内容进行挑战，看看是否掌握。

◎ 挑战 1

如图 31-7 所示，这道题需要找出汇报者需要提升或者改进的地方。

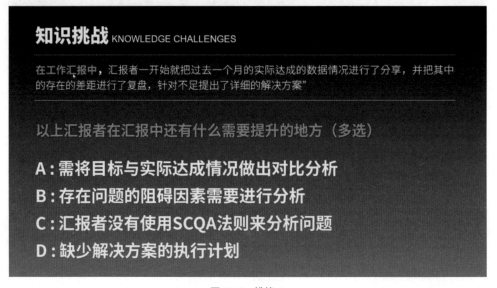

图 31-7　挑战 1

◎ 分析

汇报者一开始就把过去一个月的实际达成数据进行了分享，这是成果有了结果，但是它只针对于实际达成。并把其中存在的差距进行了复盘，不过只是针对于差距，也就是GAP。

针对不足提出了详细的解决方案。

通过分析可以知道，汇报中只是对实际达成进行了分享，所以缺少将目标与实际达成情况做出对比分析。由此可以看出A是需要选择的。

汇报中只是对差距进行了复盘，没有提到对阻碍因素进行分析，所以需要对阻碍因素进行分析。由此可以看出B是需要选择的。

对于SCQA，如果可以借助SCQA自然更好，但是它不是最要紧的，所以不需要选择C。

汇报中只是提出了解决方案，但是没有提到接下来的执行计划，所以需要选择D。

经过分析，最后答案就是：A、B、D

◎ 挑战2

如图31-8所示，这是一个过渡页，第四个环节下季度的工作规划。在这个工作规划中，在这个过渡页中，把整个后面要讲的内容也浓缩在了一起，做了一个提前的规划。

这道题是要分析出季度工作规划缺少SMART中的哪个环节。

图 31-8　挑战 2

◎ 分析

A时间限制，对应了时间规划，所以不缺少。

B关联价值，就是说这件事情跟公司的目标和团队是否有价值，可以看到没有能与其对应的，所以应该选择B。

C资源支持，资源是指人、事、物，所以对应了执行人员，所以不缺少。

D人员配置，对应的也是执行人员，所以资源支持跟人员配置都对应执行人员，所以不缺少。

经过分析，最后答案就是：B

◎ 行动计划

如图31-9所示。

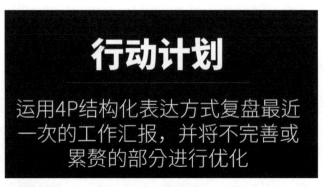

图 31-9　行动计划

 用 PPT 做好培训：4TS 万能公式

一位名人说过：企业家的终极目标就是教育家。

本节课不单单是帮助专门做教育的朋友的，其实所有的职场人都一样，无论你是培训别人，还是别人培训你，每个人迟早都要经历培训这件事。

所以本节课的目标就是：帮助大家能够运用4TS万能公式，从培训小白变成培训高手。

开始之前先来进行一个小小的挑战。

◎ 挑战

如图32-1所示，关于课程设计与教学的挑战，同时有3个要求。

图 32-1　挑战

大家可以试试3分钟内能不能设计好这一堂课，当然这里说的是内容设计，要逻辑清晰地讲出来，让你的听众可以学会。

大家尝试过之后，大部分的情况是，要不然讲不到3分钟，要不然就是3分钟讲不完，并没有想象得那么容易。

然而今天这节课就可以提升读者这个方面的能力，学完这节课后，就可以轻而易举地做到。

※ 4TS四步教学策略

4TS四步教学策略是专门提升培训演讲能力的课程，包括课程设计的版权课，它可以涵盖所有的职场岗位，从老师、职能部门、销售到企业管理人员，里面有很多经典的方法，很多都是依据来自于全球的顶级培训大师——鲍勃派克老师的创新型培训教学技术。

◎ 什么是4TS

如图32-2所示，可以看到上面有4个单词，这4个单词的首字母刚好都是T，所以叫作4T，S（Skill）是一个技巧，所以就称其为4TS。

在这4个单词中可以快速地看到，从调动意愿开始，然后到第二个讲解新知，第三个尝试应用，第四个转化绩效，接下来就对这几个单词逐个展开讲解。

◎ 调动意愿

如图32-3所示，调动意愿可以用一个英文单词来形容，即why。如果用一个汉字来形容他，就是"勾"。意思就是首先要告诉学员，让他们知道为什么要学，对他们有什么帮助和价值，这样他们才会愿意学，所以这是第一步，也就是先勾住他。这个时候你作为一个老师或者一个培训者而言，其实你的角色身份是有变化的，所以在勾的右下角写了"引导者"，也就是说你现在的主要工作就是进行引导。

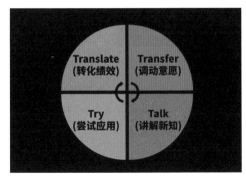

图 32-2　4TS

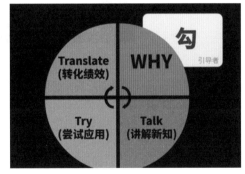

图 32-3　调动意愿

◎ 讲解新知

如图32-4所示，讲解新知可以用一个英文单词来形容，即what。如果用一个汉字来形容他，就是"讲"。这个环节的角色身份又发生了变化，变为"专家"，就是讲解专业的知识或者专业的技能，帮助大家解惑，

◎ 尝试应用

如图32-5所示，尝试应用可以用一个英文单词来形容，即how。如果用一个汉字来形容

他，就是"练"。在练的环节，角色身份又发生了变化，变为"教练"，带领学员去实现实操。

图 32-4 讲解新知

图 32-5 尝试应用

◎ 转化绩效

如图32-6所示，转化绩效可以用一个英文单词来形容，即what if。如果用一个汉字来形容它，就是"化"。在练的环节，角色身份又发生了变化，变为"队长"。队员很多时候可以自己完成工作内容，队长的职能就是进行任务分配和带领他们。

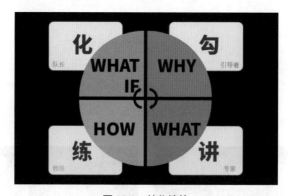

图 32-6 转化绩效

这样就形成了一个闭环，其实里面的逻辑就是：从为什么到是什么，再到怎么做，最后怎么去应用，这4个环节简单概括就是勾、讲、练、化。这4个字形成了一个完整的培训闭环。

接下来详细介绍每个板块。

◎ 勾讲练化

先来看第一个部分，勾讲练化中的第一步勾兴趣。

◎ 勾兴趣

苏格拉底说：教育不是灌输，是点燃。

◎ 想要学习才会学

勾兴趣背后的原理就是：学员想要学习才会学，所以勾的目的就是想办法激活学员的学习动机。

比如：让他知道有什么痛点或者说有什么利益、有什么挑战，就是让他产生学习的兴趣，再开始讲。

勾兴趣还有另外一个重要的比较深层的价值，就是以己知求未知。

◎ 以己知求未知

每个人在学习新知识或者新技术时，其实或多或少都是有一些过往经历的，亲身经历过或者看过的、听过的；不然为什么会来到这里参加培训。所以从理论上来说，没有零基础小白这个概念。

通过勾兴趣环节，把过往的经验和现在的新知识、新技能进行链接起来，这样的学习效果是最好的。

接下来就看看如何勾兴趣，从而点燃学习兴趣。

◎ 如何勾兴趣

大家要知道，培训从宏观上可分为三大类，知识类、技能类和态度类，全球教学普遍认为，培训主要能够解决的就是因知识的缺乏或者技能的不足而导致的问题。态度的背后是一个比较系统的工程，用培训来解决是非常困难的，所以今天主要分享知识类或者技能类培训该怎么去勾兴趣。

首先来看一下什么是知识类，什么是技能类，如图32-7所示，知识类比如规章制度、法律法规、产品知识、工艺流程、技术材料等，知识类的培训主要是讲一些具体的知识。技能类比如销售、谈判、维修、操作、表演等。

图 32-7　知识类和技能类

关于勾兴趣的方法有很多，本节课选一些比较经典的给大家介绍。

知识类勾兴趣：很多老师在讲知识类课程时非常犯愁，因为这种内容本身是比较枯燥的，所以很多老师都是大概串一下，或者读读稿就结束了。这样是不行的，因为知识类本身就枯燥，学生的兴趣本身也不高，如果不调动兴趣，而只读稿，这样学生吸收知识的难度系数太大。因为讲出来的目的就是让学生吸收。

方法1：红包来了

我们会准备一个小红包，在小红包里有一张纸，这张纸里面有一套测试题，所以这个红包里面不是钱而是一套测试题，意思就是，要学习某一个重要的知识片段时，可以先开一个玩笑，给大家发红包。结果大家一打开，里面是一道测试题，然后让组长阅读题目，一个小组一起答题比较好玩。答完题之后，由老师来公布答案，结果大家会发现，共同讨论的分数也不够高，有些知识是缺乏的，就会想知道到底错在哪里了，哪里是有问题的，哪里扣分了，从而产生了学习兴趣，这就叫红包来了。

注意：第一，选择题、判断题、单选和多选都可以，千万不要出问答题，因为问答题太难了，答案也不标准；第二，先把红包发下去，打开之后再去介绍规则，不要一上来就说我们来做一个测试，这样就不好玩了。

方法2：卡片游戏

准备一堆卡片，每张卡片上面有一道判断题，比如说要学习某个片段的知识，出了十几道题，每个小组给一套卡片，组长读出卡片上的题目，让大家一起来判断，认为正确的就放在左手边，认为错误的就放在右手边，或者正确的统一朝上，错误的反扣着。最后老师公布到底有几个是正确的，有几个是错误的，大家发现判断失误，发现这个知识也是有缺乏的，于是也产生了学习动力，这个就叫卡片游戏。

注意：同样也是需要先把卡片分发下去，然后再讲规则，注意一下时间提醒即可，两分钟或三分钟都可以，最后公布答案，如果所有的组都没有全对的，这样大家就都想知道答案了，也就起到了勾的效果。这两个是在讲知识类课程时玩得比较多的活动。

提醒：要讲的内容一定是大家需要去提升的，无论是知识类还是技能类，如果大家都已经完全掌握了，那么讲的内容是没有意义的。

◎ 技能类勾兴趣

关于技能类勾兴趣的方法这里同样提供两个。

方法1：案例分析

案例分析是指：为了能够掌握这个技能，先还原一个应用这个技能的案例，一个场景，让学员运用他已有的技能，看看能不能解决案例中遇到的问题，解决不了就想学习了。

比如：商务礼仪中的握手礼，应该如何正确握手，那就先放一段不合格的视频，看完这个视频，老师让大家来说出发现的问题，结果同学们说得都不完善，这个时候老师说，那么到底它的核心问题是什么呢？接下来好好听，这个时候就引起了大家想学习的兴趣。

除了可以使用视频，也可以用案例文件、图片材料等，总之就是让大家找出其中的问题，一起去寻求解决方案，这就是案例分析。

学生非常喜欢这种案例分析法，因为贴合工作和实际，所以这种方法可以去尝试使用。

方法2：能力测评

能力测评是指：要把学的内容他量化成很多指标，用某种方法让大家测一测自己的水平够不够，如果不够就想学。

这里主要介绍以下两类。

◎ 模拟实操

设立一种场景，分小组进行模拟尝试，老师会给一套标准让他们相互点评对方到底做得怎么样，当大家发现自己不达标时，就产生了学习动力，这是一种测评，其实它的潜台词是，你先试试，不行就好好学。

◎ 量表测评

针对要学的内容设计一个量表，上面有很多指标让学员给自己打分，然后在组内公布，就是让他在这个能力上给自己评分。

比如说：演讲能力测评表，看看哪些分是可以达到的，哪些分达不到，打完分得到一个分数发现，"原来我的分数还挺低的"，那么就需要提升一下了，若合格就叫能力测评质量。

总之如果这个篇章教的是技能，这个时候就要注意，可以使用案例分析或者能力测评去勾兴趣。原则是：让他发现自己技能的不足，从而产生学习的动力。

什么时候开始勾？

勾有大勾和小勾，也有各种套路去勾，但至少需要记住一句话：在讲出重要内容之前就是勾的时机。

这就是第一步"勾兴趣"，接下来看第二步"讲内容"的设计。

◎ 讲内容

在开始介绍，"讲内容"环节如何设计之前，需要先研究一下学习科学中的脑科学。

◎ 脑科学

根据美国加州大学医学博士斯佩里教授的左右脑分工的原理，人的左脑在处理逻辑语言、数学、文字推理和分析，也称理性脑。理性脑要组织好我们的内容，比如：我们的课程要有逻辑性，要有干货，这说的就是理性；人的右脑在处理图画、音乐、韵律、情感，包括想象和创作，也称感性脑，所以要设计一些能够帮助学生更加有效地去理解的一些感性元素，实际上对于各位老师来说，往往不缺乏理性，感性方面其实更需要加强。但是在理性方面还需要做一些梳理。

接下来就看一下该怎么针对左右脑来设计内容。这里分别介绍一下左脑的刺激和右脑的刺激。

左脑：理性升华。

我们发现没有经过训练的老师，喜欢以大段的文字表述，比较烦琐，不够化繁为简，我们需要将讲的内容，把水货拎干，变成干货交给学生。这里共有3种手法。

注意：不够简单烦琐的东西，都称之为"水货"。

方法1：提概念。

我们将这种水平的老师称为高手，比如说他会这么说：各位朋友，要想干好这个活，我总结了四个关键词，他用关键词高度概括了他的内容，比如，5S分别是整理、整顿、清扫、清洁、素养。

意思就是：要学会用关键词传递，比如，一个领导在一场重要的会议结束时，经常会致辞，他会这样去致辞：今天我只谈三点，一感谢，二希望，三祝福。他是围绕着关键词展开的，换句话说，高水平的老师喜欢化繁为简，先归纳再演绎，他的特点是观点先行，先抛出关键词，然后解释论证这个词，这样会容易留下深刻的印象。

方法2：编口诀。

我们把这种水平的老师称为专家级，他们通常会在学完知识后总结一套口诀。

编口诀需要有一定的文化功底，编口诀是有技巧的。我们来对比一下，提概念怎么提，一般来讲提概念有3个要求。

第一个要求：字词的形式，因为关键词肯定容易记忆。

第二个要求：字词的字数不要太多，一般不要超过4个字，字太多不好记，比如刚刚讲的教学四步骤：勾、讲、练、化，每个环节就一个字。灭火器怎么使用：一提、二拔、三压、四喷，都是一个字。刚刚说的5S：整理、整顿、清扫、清洁、素养，都是两个字。疫情期间需要注意什么：少聚餐、勤洗手、常通风，都是三个字。商务合作中怎么握手：大方出手、虎口相对、力度适中、三到四下、适度寒暄，都是四个字。所以在提炼概念时，一般是1~4个字，超过4个字的不太容易记，尤其不要超过7个字，超过之后基本就是一个短句了。

第三个要求：尽量保持字数都相同，要么都一个字，要么都提两个字，这里指的是标题下面展开的要点，每个要点进行高度的概括。

编口诀与提概念比较类似，也有3个要求。

第一个要求：合辙押韵，必须要顺口，一般末尾的那个字都是四声或者二声，一般四声、二声比较多。

第二个要求：字数要达标，有三个字一组的称为"三字经"，比如站如松、坐如钟、行如风，都是三个字的。四个字一组的称为"四成语"，比如跟团旅游有什么特点，上车睡觉、下车尿尿、景点拍照，都是四个字。五个字一组的称为"五绝句"，比如如何画思维导图，主题放中央、要点依次展、色彩要分明、文字加图形，都是五个字。七个字一组的称为"七律诗"，比如课程开场别小看、学习意愿是关键。一般来说，编口诀就是三字经、四成语、五绝句、七律诗。

第三个要求：编口决要运用在合适的场景，一般来说有两个场景可以用到，第一个场景，一个大的篇章学完，做一个整体的回顾，这个时候一般用一个七律诗编一段口诀，让大家读一读。第二个场景，在传递知识点的时候，直接用口诀中的一句话，这里一般不用七个字的。

以上这就是编口决的3个要求。

高手一般是总结几个关键词，专家就是编一段口诀，大师级就是建模型。

方法3：建模型。

大师梳理模型就是画成一张图，最后形成可复制的方法论，比如马斯洛的需求层次金字塔、戴明的PDCA质量环、波特的竞争的五力模型。总之，把大师的经验进行梳理，变成一张图就可以了。

无论是提概念、编口诀还是建模型，都是为了把水货拎干变成干货，这样容易记忆和储存。

培训是有目标的，最低目标就是记忆。

所以针对课程内容，除了把逻辑梳理好，重点要学会把水货拎干提概念、编口诀、建模型，所以在你的每一张幻灯片标题下面，有的地方就是概念，有的地方就是编口诀，有的地方就是做一个模型，模型表达类的东西就是图示。但也有部分内容在特殊情况下可以放大段的文字，比如，就是定义要表达出来解释这个概念，或者法律法规的，像一些活动说明等，这些可以放一大段文字。

但始终需要记住一个规律，就是要把内容化繁为简。

这个就是左脑的理性升华。

右脑：感性演绎。

如图32-8所示，这是PPT上的一张图片，是一碗面，理性就相当于面条，而感性演绎就相当于这个上面的配菜、汤、调料。

图 32-8　图片展示

严格来说，学员爱面条但更爱调料。学员喜欢你的干货，但他更喜欢你怎么去演绎这个干货。非常遗憾的是很多老师只有干货，缺乏感性元素。

其实感性元素是需要设计的，这里给大家一张清单，如图32-9所示，称为七大感性调料包。

小工具：七大感性调料包

类型	说明	使用技巧
事例	事项例子，既可以是虚构的故事，也可以是客观事实	重点内容必须安排
数据	各种数字资料用于论证观点（源自各类行业协会、组织、实验室）	要真实、有依据
引言	引述某领域专家或亲身实践者的言论和建议来论证教学知识点	要可信，提供证言人
视频	运用视频或音频论证课程的核心知识点	高清，与主题匹配
图片	用来做示范、展示或论证的图片素材	高清，匹配且不变形
道具	用来做示范，增强学员参与的工具	合理安全使用
游戏	用于论证知识点的各类游戏活动	控制风险避免跑题

图 32-9　感性调料包

第一，事例。事例指的是，在讲一个干货内容之前，可以去虚构故事，也可以是客观事实，一般来说重点内容之前必须有安排。

第二，数据。各种数字资料用于论证观点，可以来自行业协会，也可以来自某一个实验室，在使用数据时一定要确保数据真实且有依据，最好能够配图和视频，增强数据的真实性权威性，给大家带来感性的冲突刺激。

第三，引言。用某个专家领导或者亲身经历实践者的言论来证明你的知识点，这样是为了增强说服力，这里需要提供证言人，比如这个人的照片。

第四：视频。用视频或者音频来论证知识点，给学生做一些示范，需要注意的是，视频一定要是高清视频，并且一定要跟你的主题相匹配。

第五：图片。图片用得也非常多，主要用来示范展示、论证，图片的展示需要保证是高清的，内容是匹配的，而且图片不能被拉扯变形。

第六：道具。比如，教灭火器如何使用时需要有灭火器，教怎么开车总得上车去开，教设备怎么操作最好是有设备。所以道具是用来做示范、增强学员参与的工具，让他们能更多地参与进来。

第七：游戏。有些内容用来论证支点可以做些游戏，这里说的游戏不是简单地玩游戏，这个游戏是为了讲解知识而准备的，但是需要控制游戏的风险。比如，想论证我们每个人在职场或者说我们每个人这一生的时间是很宝贵的这件事，用做游戏来论证。可以用一张表格，画成一些小格子，代表你的时间，涂一下看看还剩下多少，或者用一把剪刀剪掉前面已经度过的，再剪掉退休的时间，再剪掉三分之一睡觉的时间，可以发现只剩一点了，结果发现时间很宝贵。这是一种游戏，但是可遇不可求，有的是可以用的，有的不好用，则需要考虑是不是要使用游戏这个方法。总之不能只顾玩，游戏的终极目标还是用来支持你要讲的这个干货的。

这七个大的调料包可以针对你的课程去使用，用的最多的就是事例、视频和图片。

◎ 总结

在讲内容时，左脑要有水货变干货的技巧，称为提概念、编口诀、建模型，依据内容来提炼，右脑需要有各种感性的演绎方法，去做好下料。

◎ 做练习

接下来一起来看看练习怎么设计和使用。

首先送给大家一段话：如果不进行练习，那么你学到的东西将毫无意义，不管别人给你讲了多少。

这段内容在强调练习的价值，讲课是练出来的，开车是练出来的，学生学的每个东西都是练出来的。有的老师会在讲完之后专门花时间让练习，这里提倡的是边学边练。

设计练习有很多标准，不同的技能的练习方法也不一样，不同的知识的练习方法也不一样，接下来就从宏观角度来看一下，知识怎么练、技能怎么练。

◎ 知识类内容练习

知识类内容的特点是比较枯燥、抽象，整个学习过程也比较沉闷，所以这类课程练习时要注意两个原则，第一个原则是有趣，设计一个比较好玩的练习活动。第二个原则是有景，还原这个应用知识的场景，就是让学生从大脑中能够把他的实际场景的知识提取出来，在这个场景中去使用，就会觉得这个知识学习是有价值的。

目标：要达到理解的级别，也就是让学生能说出来学到的知识是什么，并能够举例解释，在将来能够有效地迁移到他的工作当中去。

本杰明布鲁姆把学习目标分成了6类，也就是6个层级，最低是记忆，然后是理解，接下来是应用，再就是分析，然后是评价，最后是创造。知识一般都要达到理解级别。

关于如何训练学生达到第二个层级理解，接下来介绍3个方法。

方法1：有奖竞赛

我们把学生刚刚学到的知识重点挑出来，出一些练习题，一般以选择和判断题为主，通过文字描述应用场景，让大家以小组为单位进行抢答，抢答对了就加分，抢到答错了就扣分，最后统计分数，哪个小组分数高就给哪个小组发奖品，这就叫有奖竞赛。

方法2：图形制作

让学员以小组为单位，把学到的这个核心要点画成一张图，可以是思维导图，也可以是鱼骨图，还可以是竖形图，大家一起画，画的时候非常好玩，在画图时就把这个对接场景整理出来，这就叫图形制作。

方法3：情景分享

学习的知识会有它的应用场景，比如，学一些产品知识、规章制度或者工艺流程，经常会在一些场景下把它说出来。

就比如师傅带徒弟这个场景，就让学员去还原现场的场景。徒弟就问：师傅，咱们这个产品的工艺流程是怎么回事，能不能跟我说说。另外一个学员就扮演师傅，把刚刚学到的工艺流程讲给他听，然后让对方给他打一个分，是优秀、卓越还是一般，接下来进行角色互换。

还可以还原早上开会的场景，模拟销售人员和客户的这个场景。客户问：你们这个产品到底有什么特点，销售人员就把学到的知识讲出来。因为很多公司的销售都有晨会，这里模拟的就是晨会的情景。

总之出题玩有奖竞赛时，要么给你纸和笔把他画出来，再么就把它讲出来，这里需要记住两个字，夸张地讲叫折腾，所以就是要用某种方法去折腾学生，这里的折腾是褒义词不是贬义词，只有折腾，对接到相应的应用场景，这个时候才能有效地去吸收和理解知识类的东西。

◎ **技能类内容练习**

目标：要达到应用级别。所谓应用级别，就是当着老师的面，把教的技能做给老师看，这里同样介绍3个方法。

方法1：实操练习

让学员在现场按照老师教的动作，反复练习，这里老师要给予一定的指导。

方法2：角色扮演

如果讲的是沟通、销售、谈判，就在现场进行角色扮演，要给学生发角色卡，上面要有背景介绍和角色的分配，台词都写好，可以让大家3人一组，因为有配合者、被训练者和观察员，3人一个小组拿着角色卡，按照剧本进行模拟练习，这个时候老师给予一定的指导。

方法3：案例分析

案例分析就是要写出一些文字案例或者视频案例，让大家研究这个主人公出了什么问题，对案例进行分析，让大家通过学到的技能给主人公制定新的解决策略，将来遇到这个情况就可以应对自如了。

这就是技能内容的练习。

◎ **注意**

无论是实操练习、角色扮演还是案例分析，都有很多细节，比如剧本怎么做，案例怎么写，这都是将来要深入研究的。

实操练习模拟的是人与物之间的关系，角色扮演模拟的是人与人之间的关系，案例分析模拟的是人与困境之间的关系。这就是情景模拟的3种方法。

◎ 强调

知识的练习要达到理解的状态，技能的练习要达到应用的状态。

◎ 带转化

转化有3个关键操作细节。

第一个细节：引导学生梳理收获，就是常说的回顾。

第二个细节：引导学生做改进计划。

第三个细节：老师要强调哪些地方非常关键，将来一定要做到。

接下来看一看具体的转化方法，如图32-10所示。

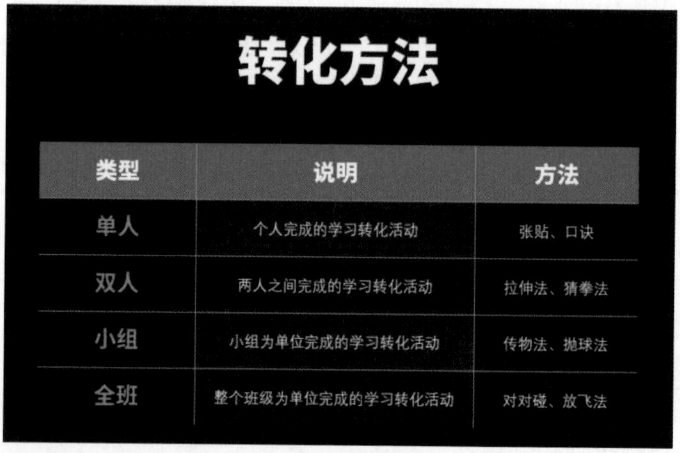
转化方法

类型	说明	方法
单人	个人完成的学习转化活动	张贴、口诀
双人	两人之间完成的学习转化活动	拉伸法、猜拳法
小组	小组为单位完成的学习转化活动	传物法、抛球法
全班	整个班级为单位完成的学习转化活动	对对碰、放飞法

图 32-10 转化方法

接下来就一个一个介绍不同类型的不同方法。

◎ 单人转化方法

个人完成的学习转化活动。

方法1：张贴法。

在一个线下场景里面，每个小组旁边有一张学习园地大白纸，学完一个篇章后，就把个人的收获写在便利贴上，然后贴在大白纸上，要求一个篇章至少贴三个。

方法2：口诀法。

篇章学完之后，老师编一段口诀，然后组织学生集体阅读，并且对要点进行一定的强调，一般是用七律诗的方法来编。

◎ 双人转化方法

两人之间完成的学习转化活动。

方法1：拉伸法。

一边运动一边说收获，就是两个同学在做拉伸的运动，其中一个同学边说边做，另外一个同学跟着他做同样的动作，当一个同学说完以后，再换对方说，然后再一边拉伸一边说收获。因为当大量知识进入大脑后，吸收能力会越来越低，所以适当地在学习过程中做一些身体运动，可以提升大脑20%以上的供氧量。

拉伸法既可以对刚才的内容进行内化，同时还可以动一动，提高兴奋的投入度。

方法2：猜拳法。

两个人一组猜拳，谁赢了谁不用说，谁输了就要说一个收获。

◎ **小组转化方法**

以小组为单位完成的学习转化活动，一般一个小组有4～6个人。

方法1：传物法。

大家围成一个圈，老师给大家一个物品，然后放音乐，音乐一响，物品就开始在大家手里传递，音乐停后，物品传递也要停止，物品在谁手里谁就要说一个收获。类似于击鼓传花。

方法2：抛球法。

每个小组发一个球，一般用的都是网球，球扔来扔去，扔到谁的手里，谁就说一个收获，说完之后就把这个球扔给另外一个人，那个人必须接球，接到以后就说出另外一个不同的收获或者是刚才没有记住和不能理解的，这样就可以得到一个启发。

◎ **全班转化方法**

以整个班级为单位完成的学习转化活动。

方法1：对对碰。

把收获写在一张卡片纸上，一般至少写5个收获，写好之后，音乐打开，音乐播放时，大家在教室里面随意走动，去找人交换卡片，每人至少完成3～5次交换，这就叫对对碰。

方法2：放飞法。

把收获写在一张A4白纸上，写好之后折成一架飞机，放飞你的收获，然后捡一架不是自己的飞机，看一看有什么收获，对比一下，并且找到那个有缘人，如果不会折飞机，可以揉成一个纸团。这里需要注意，A4纸角落里要写上自己的名字。

这些单人、双人、小组、全班的学习转化活动，记得要设计到你的课程当中去，让你的课程变得既要让学生有收获，而且这个环节又非常有趣。其实每学完一个篇章，都是在庆祝学习的胜利，庆祝胜利一定要欢快一点，有趣一点。

◎ **总结**

如图32-11所示，要有勾兴趣的设计，讲内容的设计，做内容的设计还有带转化的设计。勾兴趣时知识勾和技能勾各不相同，讲内容左右脑全脑要刺激，做练习知识有知识的练习，技能有技能的练习，转化可以单人玩、双人玩、小组玩、全班玩。

4TS勾讲练化的套路，可以根据自己的教学内容的情况，完全按照这个标准来做，当然也可以省略某些环节。

为了让大家更容易理解，最后回到课程刚开始的那道挑战题，如图32-12所示。

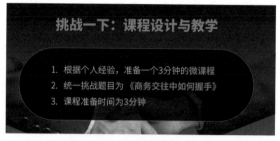

图 32-11　总结图　　　　　　　　　　　　图 32-12　挑战题

3分钟讲清楚在商务交往中如何握手。

首先要设计一个勾，握手是一种技能，所以可以用能力测评，先邀请两个学员演示一遍握手的动作，这个时候学员会发现，好像平时没注意，握的时候也不确定是否正确，这个时候就勾住他了。先让他自己体验一下，发现没那么容易。

接下来就开始讲，讲的时候就理性加感性，理性就是把标准动作这个干货拎干，比如这样说：商务握手有4大动作要领，大方出手、力度七分、三到四下、适度寒暄，然后同步，每一步最好是播放一个高清的握手视频给学员做参考，这样就会有感性的状态加进去了。

然后就是做练习，练习可以做角色扮演，邀请学员把刚才学到的东西进行两到三次的重复演练。

最后做转化，选两个学员，可以站起来用拉伸法，学员一边拉伸一边把刚才学到的这个收获说出来，这样就完成了一个完整的闭环。这样的一个闭环内容输出就更加有趣、更加还原情景。

4TS教学技术万能的培训公式就学到这里，道可顿悟，事需渐修。

第33课　用PPT做好产品介绍：FABE法则

用PPT做好产品介绍FABE法则。

你是否曾遇到过这样的场景，在面试的时候，明明是提前准备好的自我介绍，但面对面试官，脑袋突然空白，表达非常混乱，词不达意，面试结束后又后悔不已。

又或者，试驾一辆心仪已久的汽车，很喜欢想回去说服老婆买它，但是给老婆提到买车的事情时，一点语言的感染力都没有，完全打动不了老婆去买这辆车，最终没能抱得爱车归。

再或者，在公司的管理会上，老板让大家去汇报各自部门的新产品规划，结果到你的时候，说话啰啰唆唆，毫无亮点，明明整个团队120%的努力，结果汇报的时候被老板劈头盖脸一顿指责。

上面所说的场景，其实都通通称之为语言组织能力欠佳，表现出来会给听众一种思路不清晰、说话不简洁、抓不到重点的感觉。

FABE模型就是一个能够帮助你讲好产品、做好销售、打动听众的好工具。

◎ FABE

接下来详细讲解什么是FABE。

如图33-1所示，FABE也是4个英文单词的首字母组合。

第一个字母F：叫特征，讲的就是你介绍的产品所具备的一些特征、特质，比如一些产品的参数指标，这个产品既可以是具象的物品，也可以是虚拟的、抽象的物品。

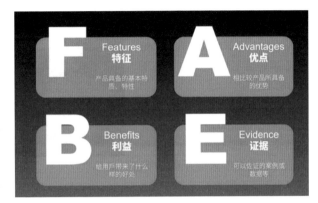

图 33-1　FABE

第二个字母A：叫优点，也就是相比较你的产品具备什么样的优势，当然优点跟特征是有关联的，也就是因为它有了这些特征，所以呈现出来这些优点，本质上是一个因果关系。

第三个字母B：叫利益，这是一个非常关键的环节，前面讲了产品的特点和优点，但是这些跟听众没什么关系，所以这个时候要让用户知道，你的产品具体能给他带来什么样的好处。

第四个字母E：叫证据，前面已经讲完了能给用户带来的利益，接下来就需要拿出证据，证据可以是案例、数据或实物，总之只要是真实的证据就没问题。

FABE其实就是分别从特征、优点、利益和证据4个角度，形成了一个完整的销售闭环。

◎ 案例

为了让大家更好地理解和应用，接下来举几个比较经典的案例。

案例1

如图33-2所示，美的这个品牌大家应该不会陌生。

第一段：制冷量、制热量、控温精度、启动电压，下面还有一些对应的数据，这个是产品的参数，也就是它的特点。

第二段：能耗更省、调温更快、电压更低、噪音更小、控温更准，这些就是第一排特点带来

图 33-2　案例 1

的优点。

第三段：一晚只用一度电，这一句话就是讲给消费者听的，给消费者带来的一个利益，好处就是省电、省钱。

第四段：京东，天猫，苏宁三大电商平台连续8年蝉联家电行业第一，会员总人数突破4453万。通过排名、会员人数等数据去佐证这个产品的确非常受欢迎。

这个案例就是用了非常经典的FABE模型。

案例2

健身房办卡推销是大多数人身边非常常见的现象，笔者也亲身经历过。接下来就看看这个销售是如何给笔者推销的，如图33-3所示。

他一开始就跟笔者说：哥，我们健身房有4000平方米，有齐全的健身设备，除了这种健身设备以外，还有游泳馆、淋浴房、桑拿房等，除了这些齐全的功能

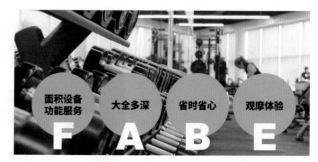

图33-3 例子2

以外，我们还有这些服务，比如什么什么。这个时候他就是在介绍它的产品特点。然后这个销售继续说：哥，我们是整个上海最大的健身房，也是设备最齐全、功能最完善的健身房，这里就开始介绍他的优势了。关于对客户的好处，销售继续说：哥，我们是整个上海最大的健身房，场地非常充裕，从来不需要预约，做任何项目都不需要排队，健完身可以去洗澡，您一到浴室，40多个空着的独立淋浴间等着你，洗完您只需要把脏的健身衣服扔到篮筐里面就好了，我们帮您洗好，下次您直接来就不用带健身服了，这个健身房真的是非常适合你。我先带你参观体验一下好不好。

这个销售也是用了经典的FABE模型，这里要强调一下E，就是一定要灵活，不是说一定要用数据去佐证，现场的体验也是一种非常好的佐证。

案例3

如图33-4所示，这是一个扫地机器人的案例。

第一，它的功能是扫地、卷垃圾、吸尘、擦地、水拖地五大基础功能。

第二，开始讲这些功能的优势，即多种清扫功能组合，清洁更高效，扫得更干净。

第三，开始展示它的价值，即无清扫死角、无清扫压力、解

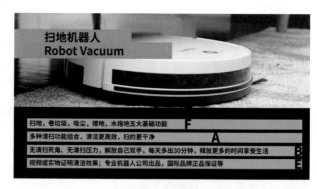

图33-4 案例3

放自己双手，每天多出30分钟，释放更多的时间享受生活。

第四，进行佐证，即用视频或者实物，都可以去证明这个机器人的扫地效果，再或者"我们的这个机器人不是一般的公司生产的，它是由专业的机器人公司生成出来的"，这样消费者就会觉得这个设备比较高级，这里的佐证就是一个背书。

相信通过上述3个案例，大家对FABE已经有了非常全面的认识了。

在PPT项目中，尤其是职场经常做一些企业的产品推荐，还有公司介绍的PPT，其实FABE模型就是一个最经典的内容结构。

当然里面的顺序是可以变动的，可以先介绍优势再介绍特点，或者可以先介绍价值再来讲解产品。总之，不要丢掉任何一个重要环节。

在一开始学习FABE时，建议先把标准的流程运用熟练，再去灵活引用。

FABE这个工具不仅仅是让你的表达清晰有条理，更重要的是用这个工具去倒逼同学们对产品的塑造力。因为想要讲清楚，就不得不去挖掘出产品的特征、优势和价值，这样就可以让我们对产品进行真正的挖掘。

可以参考如图33-5所示的这段话，"因为有什么特点，所以有什么优势，对你而言的好处是什么，您看这就是证明。"这就是销售非常经典的一句话。

讲到这里，还需要补充一个非常有意思的知识点，一定可以给大家带来很大启发。

◎ 补充

如果非得在FABE这4个环节中，只保留最重要的一个环节，则是B，给用户带来的好处和价值。

这个价值其实它有一个潜台词，也就是人们熟悉的广告语。意思就是，用好FABE其实就会做广告了。

举例，回到前面的美的空调，如图33-6所示，从特征、优势、

图33-5　参考

价值到最后的佐证。如果把FAE去掉，只留卜B，如图33-7所示，一晚只用一度电，这就是它的广告语。

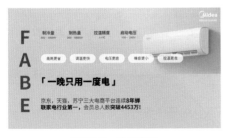

图 33-6　美的空调

图 33-7　只留下 B

再来看扫地机的例子，尝试着把FAE去掉，然后因为价值比较长，再把它精炼一下，最后

剩下的就是"释放双手，享受生活，"如图33-8所示，这也是一句广告语。

所以只要把产品的价值挖掘出来，广告语也就有了。

◎ 行动计划

如图33-9所示。

图 33-8　扫地机案例 　　　　　　　图 33-9　行动计划

第34课　用PPT讲好商业计划书：4W1H 法则

有一家公司只用了一份14页的PPT，就获得了红杉资本60万美金的投资，这家公司就是现在市值750亿美金的Airbnb，这是每一个创业者、职场人必须收藏的一个融资方法论。

有的读者可能会感觉融资距离自己太遥远，但是融资是这个企业上市的一个必经之路，如果有机会参与其中，甚至可以改变命运。如果你是一个团队的领导者，具备这种商业融资的思维，其实在职场中是可以倒逼你对这种数据的分析能力，包括项目的判断能力。这个对于将来的晋升是有极大帮助的，当然你的项目也可以得到更多老板的支持和青睐。

说了这么多商业计划书的价值，接下来就看一看如何讲好商业计划书，学习前人的优秀经验，以Airbnb这个经典的案例为例。

◎ 案例

如图34-1所示，以每个模块右上角的数字为标准确认页数。

首先来看第一页，要一句话讲清楚你的企业是做什么的，比如说：Airbnb就是说可以不用订酒店，直接入住当地民宿，简单直接。

第二页就是讲市场的痛点，说白了就是用户想要什么，但是现在的问题是什么，这个痛点和冲突越强烈越真实越好。

第三页就是解决方案，怎么解决刚刚的那个痛点，如果你的产品功能可以和这个痛点一一对应起来，就会更加清晰，可以加分，比如说：Airbnb就说它是让当地人出租自己的房子给旅客，又省钱又能跟当地人一起去体验风土人情，使用简单直白的语言，不要过度包装。

第四页、第五页讲的就是市场规模，那么Airbnb给出了两种方法，形象地说明了自己的市场规模，这个非常值得学习，第一就是Airbnb说同行已经有多少的用户规模了，给了一个很客观的参考，在第五页中从左到右给了几个不同层级估算的市值规模，用几个大小圈就表达出来了，现在可以从很小的市场切入，慢慢会变得越来越大。这个会给投资人一个很大的想象空间，融资这件事的想象空间是非常重要的，这一点很关键。

第六页就是通过图片去形象地展示产品，如果是路演现场，要用的就是实景的视频，效果会更好，这里需要注意一个细节，虽然说放上去了2~3个网页，但是它不仅展示网页的样子，而且还讲了使用流程，提出了用户只需要3步就可以完成订房，感觉特别简单清晰。

如图34-2所示，以每个模块右上角的数字为标准确认页数。

图 34-1　Airbnb1　　　　　　　　　　　图 34-2　Airbnb2

第七页就讲清楚了怎么赚钱，比如说：就是一间房抽成10%，25美元一宿去乘以房间数量，最后就是收入的规模，有了这样一个公式，大家一下子就可以看清楚你能够赚多少钱，非常简单，其实商业模式最好要有清晰的公式，投资人其实都很会算账，很多项目这一点做的是比较差的，他们只会说我们的项目是什么：B2C、S2B2C等，然后问谁收钱、均价多少、转化率怎么样都不讲，投资人看完之后还是一脸懵。

第八页讲明白是怎么获取这些用户的，怎么推广，这一页其实现在变得越来越重要，因为流量越来越贵，比如说：你现在用短视频直播来带流量的话，这是一个新的流量增长点，他可能就会吸引眼球。

第九页、第十页讲明白你和竞争对手的区别是什么，这是一个很简单的矩阵分析，价格高低，线上线下，想明白定位及你的竞争优势。

第十一页讲的是你的核心团队亮点是什么，过去干过什么，这一页是全篇最重要的一页，因为投资人会在这一页看很久，所以要讲明白团队的分工，不断展现他们的亮点，大厂可能是亮点，学历可能是亮点，业务的数字也可能是亮点，比如说：你曾经是负责某大厂月流水1个亿的一个事业部的负责人，这种人出来创业投资人一看，眼前肯定会一亮。

第十二页、第十三页要讲一讲用户的反馈、媒体的报道、运营数据、财务数据等，就是来证明一下自己的这个产品是有前景的、有用的。在这里用户反馈一定要好评如潮，但是要真实，最好要有一点戏剧性，至于数据最好是往上的这种曲线，跟销售额是对应的，如果销售额实在拿不出手，则可以讲用户的规模，如果规模也不行，就讲增长速度，总归要有一项是拿得出手的。

第十四页就是你想拿多少钱做什么，Airbnb这一页写得堪称典范，它写了只要50万美元，并且12个月就可以完成200万美元的收入，这是创始人对他未来一年的发展计划。

这就是Airbnb的融资计划，这个融资计划是非常经典的。

如图34-3所示，这是笔者主持的一个商业计划项目，这些项目里面累积下来，融资的金额大概在6000万元，很多品牌比如薄荷森林，基本上是厦门当地在点评上排名第一的茶式饮料。成功的案例中有地产类的、医美类的、食品销售类的，各种都有。

这几个是融资成功的，当然还有一些是失败的。关键是通过这些成功的及看到的比较经典的案例，给大家总结了一种方法，称它为4W1H。

这是一个BP的法则，BP就是指商业计划，通过这个方法论，大家可以找到一些规律。总的来说就是，总结方法让你可以先去应用他，然后再去灵活组合。

图 34-3　融资成功项目

什么是4W1H？如图34-4所示，其实就是5个单词，4个是以W字母开始的单词，最后1个是以H字母开始的单词，所以称其为4W1H。

接下来一个一个进行解读。

第一个，WHO，要讲清楚你是谁。

第二个，WHAT，要讲清楚你要做什么。

第三个，WHY DO，你为什么要做这件事情。

第四个，WHY US，为什么是你来做。

第五个，HOW，你想怎么做。

可以发现重新整理后，逻辑线就比较清晰简单了，只要把这几个问题回答清楚，基本上这个事情就说清楚了，如图34-5所示。

图 34-4　4W1H

图 34-5　解读后

接下来把这5个问题的具体方法再进行拆解，然后看看具体要做到什么程度。

第一，WHO。

最好用一句话来说清楚自己的定位，这里介绍两个方法。

方法1：描述法。

我通过什么产品及服务解决了谁的什么问题，这个就是所谓的描述法。

比如：我用彭棣PPT这个账号，通过短视频，帮助千万的职场商务精英提升他们PPT的设计汇报能力。这就是描述法，通过用彭棣PPT这个账号，短视频，来帮助谁，帮助千万的职场商务精英，解决了什么问题，提升他们PPT的设计汇报能力。这就是定位我要做的事情。

方法2：类比法。

我是一个某某领域的某知名企业（借势），比如：你是一个新的品牌，但是你可以借助那种比较成熟的、大家耳熟能详的品牌名字。

比如：滴滴刚起步时，在融资的时候就说，我就是打车领域的Airbnb，他就借Airbnb来给自己定位。再比如喜茶，就说我是中国茶版的星巴克。

这里面有一点需要注意，千万不要把这句话写成是你的愿景。比如：我要做中国在线教育的百年老店或者我要成为中国最伟大的消费公司，这就叫愿景。大家看完以后谁也不知道是干嘛的，所以这点要注意。

第二，WHAT。

具体回答我们在什么产业什么行业，其实就是现在都通称的一个词——赛道。其实投资人最先看的就是赛道。所以要告诉他我们在什么具体的产业和行业，说清楚你在什么赛道，然后你在赛道里面需要做什么。

这里有一个比较重要的点：投资人喜欢先选赛道，然后再到这个赛道里面去投资最优秀的赛车手。因为有那么多的项目，他在选的时候也不可能每个项目都仔细去听，他可能一开始就要看当前的这种赛道哪个相对有优势，这样机会和成功率会比较高一点。

第三，WHY DO。

你要告诉听众为什么做，讲的就是市场现存的痛点，要介绍市场规模到底有多大，需要有数据的支撑，天花板到底有多高，以及社会、政治、经济、技术这些方面的趋势如何。

这里面要强调的是，要用大量的数据去论证，你在一个什么样的赛道。因为前面提到了在赛道，那么现在就要去证明，其核心点都是数据，包括未来趋势会怎么样，跟政策相关的都要拿进来，所以这个部分的比重是很大的。这里的比重指的不是页面数量，而是获取数据的时间和调研的时间，因为数据要真实、客观、有意义。

如图34-6所示，写的是痛点，把当下这个痛点非常直接、简单、通俗地表达出来，无论是价格还是文化体验。

如图34-7所示，然后就是规模，用几个数字去表达，而且这个图示一下就让人感觉到未来的空间想象力还是很大的。

图34-6　痛点

图34-7　市场规模

第四，WHY US。

你的核心优势是什么，你的优势就等于你的差异性，你跟别人的不同点，要么就做第一，要么就做独一无二。如果独一无二很难，但起码要有自己的特点，还有你的产品竞争力怎么样。

最关键的就是：团队的构成。团队这个部分，每次的商业计划，投资人在这一页停留的时间是最长的。因为赛道没有问题了，就要看赛车手了。

最后还要补充的是目前的数据与进展情况，真实的转化率是怎么样的，真实的利润率是怎么样的，真实的增长率是怎么样的，并进行论证。

简单来说就是：用事实论证你是一个好的赛车手。这就是这个模块里的核心点。

如图34-8所示，就像他的竞争优势一样，用非常简单通俗的语句念出来，只有几个点，不要太复杂，只要把优势凸显出来即可。

第五，HOW。

这个部分只需要告诉听众解决方案，商业模式是什么，融资金额要多少，这个金额要出让的股权比例是多少，这个是一定要放在BP里面的。最后包括你的融资怎么分配，接下来怎么用。跟前面的Airbnb是一样的，就是现在多少钱，接下来一年怎么去分怎么去用，通过这些能够赚多少钱，这几块一个都不能少，基本上把这几个做到、说到、提到，就没什么问题了。

这里面有一点要告诉大家：你的商业模型千万不能太复杂，如果可以用一个最简单的公式，就能够将其表达出来是最棒的，否则你的商业模型越复杂，就越难懂。

如图34-9所示，Airbnb的这个商业模型就非常简单，一个晚上多少钱乘以多少个房间，一下子就算出来了。

当然，每个行业可能又会有一些特殊性，但是这里面只是要给大家一个启发，就是如果你能够把你的内容用最简单的公式去传递，你的商业模型是最好的。

◎ 注意事项

接下来介绍几个注意事项。

第一，文件格式一定要用PDF的，切忌用Word发过去，因为大部分投资人都是在手机上看的。所以PDF是优选格式。

图 34-8 竞争优势 图 34-9 商业模型

第二，文件大小不要超过10MB，千万不要制作太大的文件，因为传输非常不方便。

第三，尽量用一些图示，图示就是Aribnb中的那个大圆圈、小圆圈，包括矩阵，就是用最简单的图示来形容它的大小、对比、快慢就可以了。所以记住，以图示为主，尤其要禁用动画，因为即使用了动画也没有用，大部分给对方的就是一个PDF文件。

如图34-10所示，4W1H分别就是从WHO（你是谁）、WHAT（你要做什么）、WHY DO（为什么你要做）、WHY US（为什么是由你来做）、HOW（你到底怎么做）。这4W1H搭成了一个逻辑线，就可以把你的商业融资说清楚了。

图 34-10 回顾

◎ 行动计划

如图34-11所示。

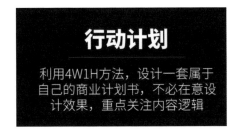

图 34-11 行动计划

实操篇

第7篇

7

PPT被广泛应用于各种场合，包括企业、学校、个人等。根据不同的使用场景，PPT的类型和应用可以分为以下几个方面。

（1）企业应用。在企业中，PPT被广泛用于各种会议、产品展示、销售演示等场合。通过PPT，企业可以更直观、生动地展示产品或服务的特点和优势，有效地传达信息，提升演示效果。

（2）教育应用。在教育领域，PPT常被用于课堂教学、课件制作、学术交流等方面。通过PPT，教师可以更生动、形象地展示教学内容，提高学生的学习兴趣和积极性。

（3）个人应用。对于个人而言，PPT可以用于制作个人简历、演示个人作品、制作家庭相册等。通过PPT，个人可以更有效地展示自己的特点和优势，提升自我价值。

（4）其他应用。除了以上几个方面，PPT还可以用于制作广告宣传、产品说明书、交互式课件等。通过PPT可以更生动、直观地展示宣传内容或产品特点，吸引受众的注意力。

总之，PPT作为一种演示文稿软件，具有广泛的应用价值。在不同的使用场景下，PPT的类型和应用也会有所不同，但都能够帮助用户更有效地传达信息，提升沟通效果。

第35课 会议型 PPT

学习的基础级别是记忆，然后是理解，而PPT需要达到的级别至少是应用。

◎ 项目背景

公司老板要对内部员工召开一次会议，主要针对于阶段性工作的总结，以及对未来工作的规划和指示，老板已经亲自把文稿准备好了，我们只需要制作成PPT。

◎ 项目要求

两天后老板需要用这个PPT，但是我们需要提前完成，以确保有充足的时间去做调整，所以制作时间为一天，PPT尽可能保持逐字稿内容，以清楚地传达会议精神为主，同时不能失去专业性。逐字稿中一共分为了4部分，第一部分写的是成长史，第二部分写的是发展过程中发现的问题，第三部分写的是解决方法，第四部分写的是工作目标。

详细讲解过程请扫码观看教学视频。

第36课 发布会型 PPT

相信很多同学在听到产品发布时，首先可能会想到是如图36-1～图36-11所示的大型产品发布会。大型的产品发布会投入的人力、设备和资源都非常的丰富，成本也很高，比如展示的这一套完成后大概费用接近20万元。所以像这种发布会通常，对于这家公司而言，要么是一个里程碑式的，要么就是一个非常重要的产品对外发布。

图 36-1　发布会展示 1

图 36-2　发布会展示 2

图36-3　发布会展示3

图36-4　发布会展示4

图36-5　发布会展示5

图36-6　发布会展示6

图36-7　发布会展示7

图36-8　发布会展示8

图36-9　发布会展示9

图36-10　发布会展示10

图 36-11　发布会展示 11

本节课讲的发布会型PPT并不是对外的，因为各位作为职场人来说，大概率不会自己去操刀这样的内容，因为一个人根本完成不了，还涉及场地、设备、灯光等很多要素。

本节课要讲的是对内的发布会型PPT，比如你的部门研发了一个新的产品，那么这时候你要对企业内部的人员进行小型发布，这个是经常遇到的。

◎ 项目背景

2019年1月，笔者在高顿集团作为高顿集团的学术总监，做了一个品控手册3.0的发布，当时的邀请人员除了教学部的所有老师，还有销售部的负责人，包括公司的很多高管都来参与，这个主要是让大家知道在这段时间里大家共同努力做出了什么样的一些成绩。特别是品控手册的标准是什么，有利于让大家更好地传播高顿在教学上的匠心。如图36-12所示，左边的图是在上面宣讲的一张照片，右边的图是一个报告厅。

图 36-12　项目背景

在这个背景下，接下来看看当时做了一些什么内容，并且在这里会给大家带来什么样的启发和帮助。

◎ 效果展示

如图36-13所示，首先打开的是封面页面，这个封面没有做过多的设计，中间有一个非常醒目的布克大学标志。

封面过后，紧接着就是出现快闪开场动画，如图36-14～图36-16所示。

图36-13 封面页

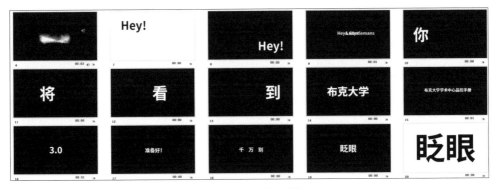

图36-14 开场动画过程1

图36-15 开场动画过程2

图36-16 开场动画过程3

对于整个PPT的框架内容完成梳理后，开始进行实操。具体操作过程可观看教学视频。

如图36-17所示，还是前面说到的核心要点，要注意当你在讲自己发布会的内容时，一定要结论先行、亮点进行总结。然后就是数据优先，只要有数据，一定要把它作为一个结论放在前面，对于内容要进行高度浓缩，因为PPT不是段落的形式，它是要点和短句或者词。

图 36-17　总结

最后，背景尽量简洁，不要有太多动画，开场可以稍微炫酷一点，但是讲解过程要专业，减少影响内容传递的干扰信息。

详细讲解过程可扫码观看教学视频。

第37课 培训型 PPT

本节课要学习的是关于培训课件的制作。培训课件是人的一生中跨度最广的一个需求，从学生时代一直到职场退休。

在职场里面的终点就是培训师。

因为随着你的资历、专业、职位的上升，一定逃不开关于培训这件事。所以本节课的内容对于大家来说会非常适用，并且能起到很大的帮助和启发。

前面讲过只有有了一个合理和正确的结构，内容才是完整的。

首先，作为一个培训型PPT，简单来说就是做一个课程的分享，或者是做一个知识的培训，主要是由3部分组成，分别是开场、主体和结尾，如图37-1所示，而主体就是内容的部分。

如图37-2所示，开场部分如果要切分到具体的页面，能够马上想到的就是封面，如果是第一次培训会有一个自己的简单介绍，然后就是大纲目录，也就是今天要讲的内容。

图 37-1　培训型 PPT 的 3 部分

图 37-2　开场部分

如图37-3所示，主体部分就进入到内容页了，第一个内容页就是章节的过渡页，接下来就进入到章节讲的页面，可能由很多页面组成，然后如果涉及培训，就一定会有练习，因为只讲不练是没有结果的。接着往下就是第二章的章节过渡页了，进行循环。

图 37-3 主体部分

如图37-4所示，最后结尾的部分一般都会有回顾，然后就是行动计划，在学校里面称为布置作业，在公司里称为行动计划，在培训之后如果没有对应的执行

图 37-4 结尾部分

计划，实际上这次培训是没有效果的，所以在最后的结尾部分需要有一个行动计划，最后就是封底。

这样的开场、主体和结尾，是过去或者直至现在大部分培训师的一种习惯套路，但是它有很多严重的问题，所以导致现在的培训效果非常不好。接下来就看看正确的PPT结构是什么样的。

◎ 4TS

关于4TS需要重点讲的是，在过往包括现在很多的教学模式还处于2.0阶段或者1.0阶段。1.0阶段的教师以内容为中心，2.0阶段的教师以自己为中心，但是实际上无论是以内容还是以老师为中心，最后的效果都不是最好的。

美国教育家全球顶级的培训师鲍勃派克研究了一个新体系，叫作以学员为中心的创新型技术培训。简单来说就是，最终的培训目标是要解决学生的什么具体问题，要达成什么样的一个结果，而不是解决老师的问题，所以必须站在学员的角度。

4TS其实就是4个单词的首字母是T，用中文来说就是：勾、讲、练、化，如图37-5所示。因为4TS将会决定PPT的结果，所以需要再次回顾。

接下来看一看什么是正确的PPT结构。

◎ PPT结构补充

如图37-6所示，如果你现在用的也是这个结构，接下来就看看哪些是需要补充的。如图37-7所示，增加了几个重要的色块，在开场部分增加的比较多，主体部分也有增加，结尾无增加。

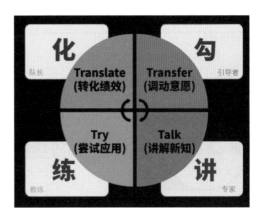

图 37-5 勾讲练化

<table>
<tr><td>图 37-6　原始结构</td><td>图 37-7　补充后的结构</td></tr>
</table>

　　首先在开场的部分增加了一个入场活动，然后在讲师介绍以后增加了聚焦问题和教学目标。主体部分，在过渡页和讲之间增加了一个勾的环节，以及在练习结束后增加了化的环节。这里面增加的5个点，基本上是现在大部分培训师缺少的板块。

　　在这5个板块中，非常重要的问题就是学习目标一定要有，否则这个培训是没有方向和结果的。而主体中每一章节内容开始前的勾也是必须要有的，因为只有激活大家的学习动机、过往的旧的经验，才能被有效地去讲解，以及有效地练习，所以这个也是不能缺少的。最后做完一个章节的讲解后，需要去做转化，即把知识变成学员自有的。

　　详细讲解过程请扫码观看教学视频。

第38课　演讲型 PPT

　　本节课重点讲解在日常生活和工作中遇到的跟演讲有关的场景。演讲场景要么不来，只要来了就很重要，所以它不是属于高频次的，但是只要出现就是非常重要的场合，是展示自己的好机会。在讲解如何制作演讲PPT之前，还有一个比其更重要的内容，就是笔者在过往当中服务客户，包括过去的一些同事，他们在做演讲的时候，我们在辅导过程中遇到的一些共性的问题。

　　详细讲解过程请扫码观看教学视频。

第39课　企业介绍型 PPT

　　毫不夸张地讲，每一家公司都应该有一份自己的PPT介绍，甚至每个部门都应该有一份自己的PPT介绍。

在开始之前，先来看看企业介绍型PPT的核心要点，如图39-1所示。

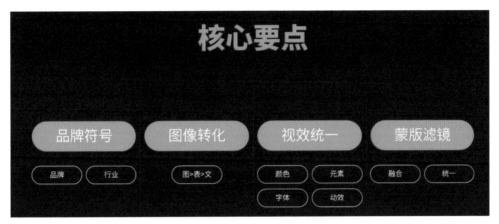

图 39-1　企业介绍型 PPT 的核心要点

第一，品牌符号。

只要跟企业相关，就会涉及品牌这个词，也许公司还属于小规模，但是无论多小，一定都有自己的符号。这里的品牌符号切分成两块就是：一块是你自有的品牌，也可以把它理解为你的产品；另一块就是你所在的行业。在这两者当中，要选其一来做自己PPT中的设计元素，让用户一看到这份PPT就能知道你是什么行业，或者你做的是什么样的一种产品。这个就是品牌符号。

第二，图像转化。

这里需要注意，在整个介绍过程中可能会掉入一个误区：公司介绍中有大量的文字。这里需要记住，图大于表，表大于文，意思就是能用表格展示的就不要用文字，能用图形图像展示的就不要用表格。

第三，视效统一。

这里的视效主要有以下4点。

颜色：颜色要有一致性，因为这是品牌的标识。

元素：是指图形图像要统一。

字体：要更加严谨，甚至很多公司都有自己的字体。

动效：在整个PPT中，动效也尽量保持统一性，这里的统一不代表每个动画都完全一致，但是节奏和效果应该是比较相似的。

第四，蒙版滤镜。

蒙版滤镜其实是一个比较常用的功能，可以简单理解成滤镜、渐变，主要用于让图和文更好地进行融合，因为企业介绍类图片占比很大。同时可以通过蒙版滤镜，让整个PPT的视觉效果进行统一。

详细讲解过程请扫码观看教学视频。